U0314573

高性能铸造铝合金

隋育栋　编著

北　京

冶金工业出版社

2022

内 容 提 要

本书简要介绍了铝的冶炼与应用，系统地研究了典型耐热铸造铝合金、高强韧铸造铝合金和耐蚀铸造铝合金的研究现状，并结合作者实验研究了耐热铸造铝合金、高强韧铸造铝合金和耐蚀铸造铝合金的显微组织与性能。

本书可供从事材料科学与工程研究的科研人员、高等学校教师或相关企业工程技术人员阅读，也可作为材料及相关专业本科生和研究生的教学参考书。

图书在版编目（CIP）数据

高性能铸造铝合金／隋育栋编著 . —北京：冶金工业出版社，2020. 4（2022. 6 重印）

ISBN 978-7-5024-8508-5

Ⅰ. ①高…　Ⅱ. ①隋…　Ⅲ. ①高性能化—铝合金—铸造　Ⅳ. ①TG292

中国版本图书馆 CIP 数据核字（2020）第 058977 号

高性能铸造铝合金

出版发行	冶金工业出版社		电　　话	（010）64027926
地　　址	北京市东城区嵩祝院北巷 39 号		邮　　编	100009
网　　址	www.mip1953.com		电子信箱	service@mip1953.com

责任编辑　郭雅欣　美术编辑　郑小利　版式设计　孙跃红
责任校对　郑　娟　责任印制　李玉山
北京虎彩文化传播有限公司印刷
2020 年 4 月第 1 版，2022 年 6 月第 3 次印刷
880mm×1230mm　1/32；3.75 印张；109 千字；111 页
定价 36.00 元

投稿电话　（010）64027932　投稿信箱　tougao@cnmip.com.cn
营销中心电话　（010）64044283
冶金工业出版社天猫旗舰店　yjgycbs.tmall.com
（本书如有印装质量问题，本社营销中心负责退换）

前　言

铝及其合金具有密度低、比强度和比刚度高、切削加工性和热成形性好、尺寸稳定、资源丰富、容易回收等一系列优点，因此，在机械工业、交通运输、电子电气、航空航天、食品包装、建筑等领域应用非常广泛。

铝合金主要分为铸造铝合金和变形铝合金两大类，铸造铝合金具有良好的铸造性能，可以制成形状复杂的零件，不需要庞大的附加设备，具有节约金属、降低成本、减少工时等优点，因此在航空工业和民用工业的用量较大，尤其在汽车工业中对汽车轻量化的作用效果显著。

根据应用环境的不同，铸造铝合金可进一步细分为耐热铸造铝合金、高强韧铸造铝合金和耐蚀铸造铝合金，作者对这几种铸造合金中典型成分的组织和性能进行了研究，并介绍了近年来的发展现状和趋势，希望能为从事铝合金及其铸造成形的研究开发和技术人员提供参考，助力我国铝工业的发展。

全书共分4章，第1章介绍了铝的冶炼与应用；第2章介绍了耐热铸造铝合金研究现状及典型合金的显微组织与性能；第 3 章介绍了高强韧铸造铝合金研究现状及典型合金的显微组织与性能；第 4 章介绍了耐蚀铸造铝合金研究现状及典型合金的显微组织与性能。

　　本书的相关工作主要依托于昆明理工大学金属先进凝固成形及装备技术国家地方联合工程实验室完成。作者在编著本书的过程中得到了昆明理工大学蒋业华教授的指导和关心，在此表示衷心的感谢。

　　本书的完成得到了云南省发改委高新技术产业发展项目"汽车用高强耐热耐蚀铝合金铸件关键技术研发及产业化"（项目合同编号：云高新产业发展 201802）的支持，作者表示衷心的感谢！

　　由于作者水平有限，书中不足之处，敬请广大读者批评指正。

作　者

2020 年 3 月

目　录

1 铝的冶炼及应用

>>>> ━━━━━━━━━━━━━━━━━━━━━━━━━━━━ >>>>

1.1 铝的冶炼与生产

铝是自然界最常见的有色金属之一。在元素周期表中，铝属于ⅢA族元素，其原子序数为13，相对原子质量为26.982。铝的晶体结构属于面心立方结构（face centre cubic structure，FCC），其原子的电子层结构为$1s^2 2s^2 2p^6 3s^2 3p^1$，从电子层结构可以看出，铝参加化学反应时通常以三价（Al^{3+}）的形式存在，铝离子的离子半径为0.0535nm。在金属结构材料中，铝的密度相对较低，仅为2.702g/cm³，有"会飞的金属"之称。

在地壳中，氧化铝的平均质量分数为16.62%，其中铝的质量分数为8.8%，是分布最广泛的金属元素。由于铝极易与氧发生反应，因此自然界中很少发现铝的自然金属。铝在自然界中主要以氢氧化物、氧化物和含氧的铝硅酸盐的形式存在。在地壳中，则以铝硅酸盐的形式居多，如铝土矿（主要成分为Al_2O_3，还含有少量的Fe_2O_3、FeO、SiO_2等）、高岭土（$Al_2O_3 \cdot 2SiO_2 \cdot 2H_2O$）、明矾石[$KAl(SO_4)_2 \cdot 12H_2O$]和霞石（$Na_2O \cdot K_2O \cdot Al_2O_3 \cdot 2SiO_2$）等，这些均是铝工业的重要原材料。

虽然铝在自然界的储存量非常丰富，但是金属铝的冶炼历史却很短。因为人类历史上第一次获得氧化铝是在1746年由德国的科学家波特（J. H. Pott）使用明矾制得的，所以铝（aluminium）这一词源自古罗马语明矾（alumen）。而第一次获得金属铝是丹麦科学家奥斯忒（H. C. Oersted）在1825年通过钾汞齐还原无水氯化铝的方法制得的，但是产量极其少。1827 年，德国科学家沃勒（F. Wohler）用钾还原氧化铝的方法增加了金属铝的获得量，但是由于当时钾的价格很高，因此铝的价格比黄金还要昂贵。直到 19 世纪末电解铝技术出现以后，铝的产量才迅速提高，价格也大幅下降，应用也日益普遍。铝及铝合金具有熔点低、密度小、导电性和导热性高以及机械加工性能好等优点，因此在航空航天、汽车、船舶、电子元件和日用品中获得广泛应用。

在纯铝中加入各种合金元素，可以获得具有不同性能的合金，能适应不同领域的需求。铝的成形方式多种多样，既可以通过铸造的方法，也可以通过塑性加工的方法，还可以通过粉末冶金的方法制备各种规格的结构件，同一成分的合金采用不同的制备方法也可得到具有不同性能的材料。铝及其合金优异的性能使其成为继钢铁之后的第二大类金属结构材料，在航空航天、交通运输、食品包装、建材、船舶等领域得到迅速的发展。

进入 21 世纪，自然资源和环境已成为人类可持续发展的首要问题。铝作为一种轻质工程材料，其潜力尚未充分挖掘出来，并且开发利用远不如钢铁等成熟。在很多传统金属矿产趋于枯竭的今天，加速开发铝金属材料是社会可持续发展的重要措施之一。

1.1.1　铝资源

在自然界中，含铝的矿物总数约 258 种，常见的约 43 种。我国是铝资源大国，铝土矿是我国铝的主要来源。2011~2018 年全球各国铝土矿储量见表 1-1。

表 1-1　2011~2018 年全球各国铝土矿储量情况　　　（亿吨）

国　　家	2011 年	2012 年	2013 年	2014 年	2015 年	2016 年	2017 年	2018 年
几内亚	74.0	74.0	74.0	74.0	74.0	74.0	74.0	74.0
澳大利亚	62.0	60.0	60.0	65.0	62.0	62.0	60.0	60.0
越南	21.0	21.0	21.0	21.0	21.0	21.0	37.0	37.0

国　家	2011 年	2012 年	2013 年	2014 年	2015 年	2016 年	2017 年	2018 年
巴西	36.0	26.0	26.0	26.0	26.0	26.0	26.0	26.0
牙买加	20.0	20.0	20.0	20.0	20.0	20.0	20.0	20.0
中国	8.3	8.3	8.3	8.3	8.3	9.8	10.0	10.0
印度尼西亚	—	10.0	10.0	10.0	10.0	10.0	10.0	12.0
圭亚那	8.5	8.5	8.5	8.5	8.5	8.5	8.5	—
印度	9.0	9.0	5.4	5.4	5.9	5.9	8.3	6.6
俄罗斯	2.0	2.0	2.0	2.0	2.0	2.0	5.0	5.0
希腊	6.0	6.0	6.0	6.0	2.5	1.3	2.5	—
哈萨克斯坦	1.6	1.6	1.6	1.6	1.6	1.6	1.6	—
美国	0.2	0.2	0.2	0.2	0.2	0.2	0.2	0.2
苏里南	5.8	5.8	5.8	5.8	5.8	5.8	—	—
委内瑞拉	3.2	3.2	3.2	3.2	3.2	—	—	—
其他国家	33.0	21.0	24.0	24.0	24.0	27.0	32.0	52.0
世界	290.0	280.0	280.0	280.0	280.0	280.0	300.0	300.0

　　根据铝土矿床赋存状态和下伏基岩性质的不同，可以将铝土矿分为 3 种：红土型、岩溶型和沉积型。世界各国主要铝土矿床（石）的特征见表 1-2。

表1-2 世界各国主要铝土矿床（石）的特征

序号	国家	主要矿床类型	矿石类型	Al_2O_3/%	SiO_2/%	A/S
1	几内亚	红土型	三水铝石、一水软铝石	40.0~60.2	0.8~6.0	7~10
2	澳大利亚	红土型	三水铝石、一水软铝石	25.0~58.0	0.5~38	5~7
3	巴西	红土型	三水铝石	32~60	0.95~25.75	
4	越南	红土型	三水铝石、一水软铝石	44.4~53.2	1.6~5.1	
5	牙买加	岩溶型	三水铝石、一水软铝石	45~50	0.5~0.2	
6	印度尼西亚	红土型	三水铝石	38.1~59.7	1.5~13.9	
7	印度	红土型	三水铝石	40~80	0.3~18	
8	圭亚那	红土型	三水铝石	50~60	0.7~17	
9	中国	沉积型	一水硬铝石	60.54	9~15	6.29
10	希腊	沉积型	一水硬铝石、一水软铝石	35~65	0.4~3	
11	苏里南	红土型	三水铝石、一水软铝石	37.3~61.7	1.6~3.5	
12	委内瑞拉	红土型	三水铝石	35.5~60	0.9~9.3	
13	俄罗斯	沉积型	一水硬铝石、一水软铝石、三水铝石	36~65	1.0~32	
14	塞拉利昂	红土型	三水铝石	47~55	2.5~30	

铝土矿的主要化学成分是 Al_2O_3、Fe_2O_3、SiO_2、TiO_2、H_2O^+，这5种的总量占成分的95%以上，一般大于98%；次要成分有 S、CaO、K_2O、MgO、CO_2、Na_2O、MnO_2、碳质、有机质等，微量成分有 Ga、Nb、Ge、Co、Ta、V、Zr、P、Ni、Cr 等。2018年全球主要国家铝土矿的矿储量占比如图1-1所示。

我国铝土矿不同矿床类型查明的资源储量见表1-3。

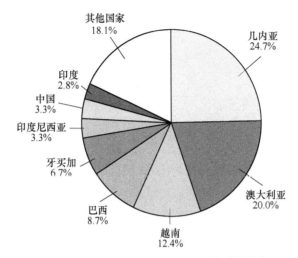

图1-1 2018年全球主要国家铝土矿的矿储量占比

表1-3 我国铝土矿不同矿床类型查明的资源储量

矿床类型	储量		基础储量		资源量		查明资源储量	
	数量/亿吨	占比/%	数量/亿吨	占比/%	数量/亿吨	占比/%	数量/亿吨	占比/%
沉积型	2.57	52.96	5.28	53.69	27.34	89.94	32.44	80.64
堆积型	2.28	47.03	4.55	46.31	2.79	9.17	7.52	18.7
红土型	0.00	0.00	0.00	0.00	0.27	0.89	0.27	0.66
合计	4.85	100.00	9.83	100.00	30.40	100.00	40.23	100.00

截至2016年底，我国的铝土矿资源主要分布在山西、河南、广西等省区，全国铝土矿资源的储量和占比如图1-2所示。

世界各国对原铝的需求量见表1-4。从表中可以看出，中国目前甚至未来仍是原铝需求和消费的第一大国，因此，中国将是拉动全球原铝需求增长的主要国家之一。

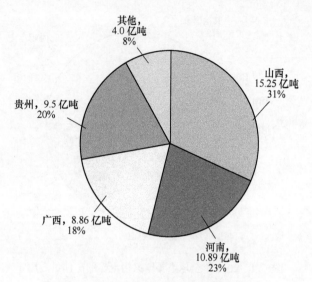

图 1-2　2016 年全国铝土矿资源的储量和占比

表 1-4　世界各国对原铝的需求现状及趋势

国家和地区	需求和占比	2017 年	2020 年	2025 年	2030 年
中国	需求/万吨	3191	3500	3700	4000
	全球占比/%	54.4	54.9	52.2	50.9
印度	需求/万吨	122	150	429	742
	全球占比/%	2.1	2.3	6.1	9.5
东盟	需求/万吨	160	250	449	558
	全球占比/%	2.7	3.9	6.4	7.2
亚洲其他国家	需求/万吨	693.9	690	675	650
	全球占比/%	11.7	8.6	8.5	8.5

国家和地区	需求和占比	2017 年	2020 年	2025 年	2030 年
北美、欧盟	需求/万吨	1342	1312	1273	1269
	全球占比/%	22.7	20.6	18	16.1
俄罗斯、中亚	需求/万吨	70.1	76	93	97
	全球占比/%	1.2	1.2	1.3	1.2
中南美	需求/万吨	254	300	357	417
	全球占比/%	4.3	4.7	5	5.3
非洲	需求/万吨	81	97	107	131
	全球占比/%	1.4	1.5	1.5	1.7
全球	需求/万吨	5914	6375	7083	7864

1.1.2 氧化铝的生产

在生产金属铝之前，必须从含铝矿物（主要是铝土矿）中先生产出氧化铝，氧化铝的生产方法分为碱法和非碱法两种，世界上的氧化铝几乎都是用碱法生产的，分拜耳法、烧结法和拜耳—烧结联合法，其中以拜耳法为主。非碱法分为直接酸浸法、氟化铵助溶法、电热法等。

1.1.2.1 碱法生产氧化铝

（1）拜耳法。拜耳法具有能耗低、流程简单和成本低廉等优点，适用于铝硅质量比相对较高的铝土矿。拜耳法的生产原理首先是用氢氧化钠溶液溶出铝土矿中的氧化铝，获得铝酸钠溶液；其次将溶液与赤泥净化分离；然后在低温下以氢氧化铝作为晶种，经过长时间的搅拌后即可析出氢氧化铝；最后将得到的氢氧化铝洗涤并煅烧，获得氧化铝成品。拜耳法的主要化学反应如下：

溶出　　$Al_2O_3 \cdot 3H_2O + 2NaOH \longrightarrow 2NaAl(OH)_4$

分解　　$NaAl(OH)_4 \longrightarrow Al(OH)_3 + NaOH$

煅烧　　$2Al(OH)_3 \longrightarrow Al_2O_3 + H_2O$

铝土矿中矿石性质的差异导致其在氢氧化钠溶液中的溶解度存在较大的不同，因此，矿石中的氧化铝溶出温度也不同。

（2）碱石灰烧结法。铝硅比低的铝土矿可用碱石灰烧结法进行处理。首先将铝土矿、石灰石和碳酸钠按一定比例均匀混合，在回转窑内烧结成由铝酸钠（$Na_2O \cdot Al_2O_3$）、原硅酸钙（$2CaO \cdot SiO_2$）、铁酸钠（$Na_2O \cdot Fe_2O_3$）、钛酸钙（$CaO \cdot TiO_2$）等组成的熟料；其次用稀碱溶液溶出熟料中的铝硅酸钠，经过专门的脱硅过程对溶液进行提纯；然后把 CO_2 气体通入精制铝酸钠溶液，加入氢氧化铝晶种搅拌，得到氢氧化铝沉淀物；最后将沉淀物进行煅烧得到氧化铝成品。

碱石灰烧结法的主要化学反应如下：

熟料溶出　$Al_2O_3 + Na_2CO_3 \longrightarrow Na_2O \cdot Al_2O_3 + CO_2$

　　　　　$Na_2O \cdot Al_2O_3 + 4H_2O \longrightarrow 2NaAl(OH)_4$

脱硅　　　$1.7NaSiO_3 + 2NaAl(OH)_4 \longrightarrow$

　$Na_2O \cdot Al_2O_3 \cdot 1.7SiO_2 \cdot nH_2O \downarrow + 3.4NaOH$

　$3Ca(OH)_2 + 2NaAl(OH)_4 + xNa_2SiO_3 \longrightarrow$

　$3CaO \cdot Al_2O_3 \cdot SiO_2 \cdot (6-2x)H_2O \downarrow + (1+x)NaOH$

分解　　　$2NaOH + CO_2 \longrightarrow Na_2CO_3 + H_2O$

　　　　　$NaAl(OH)_4 \longrightarrow Al(OH)_3 \downarrow + NaOH$

（3）拜耳—烧结联合法。联合法以拜耳法为主，辅以烧结法，分为串联法、并联法和混联法，可充分发挥两种生产方法的优点，适用于较低铝硅比的铝土矿。

1.1.2.2　非碱法生产氧化铝

（1）直接酸浸法。将铝矿物用硫酸或盐酸溶解，然后把溶出的溶液浓缩或者蒸发，即可得到硫酸铝或者氯化铝；或者把碱直接加入铝盐溶液中，调高 pH 值，以氢氧化铝的形式把铝元素沉降出来。将这些物质煅烧，即可得到氧化铝。

（2）氟化铵助溶法。把铝矿物和酸性氟化铵水溶液一起加热，破坏铝矿石中的铝硅玻璃体和莫来石，使矿石中的硅铝转变为活性态进入溶液，提高氧化铝的溶出效果。矿物中的二氧化硅与氟化铵反应生成氟硅酸铵，然后氟硅酸铵在过量氨的作用下全部分解为二氧化硅和氟化铵，分离出氧化铝。将这些氧化铝溶于碱溶液中，经碳酸化分解、热分解等步骤即可得到纯净的氧化铝。

（3）电热法。将低品位的铝土矿还原得到一次硅铝合金，再将合金脱氧或镁热还原，经过精炼后可得到硅铝合金。但是这个方法需要在2000℃的温度下进行，因此技术难度较大。

1.1.3 电解铝的生产

氧化铝的熔点高达2500℃，因此采用熔化电解非常困难。一般情况下，电解铝的生产在工业上都是用冰晶石（氟化钠和氟化铝组成的复盐）作为熔剂，氧化铝可以溶解在熔化以后的熔剂中形成电解质溶液。电解质的熔点低于冰晶石和氧化铝组元的熔点，因此在950~970℃的温度下，氧化铝会分解成为铝和氧，其中阴极上析出铝，阳极上析出CO_2和CO气体。电解熔融冰晶石-氧化铝的过程很复杂，反应前后冰晶石的总量保持不变。目前这个反应的反应过程还存在争议，仅有铝电解过程的总反应式如下：

$$2Al_2O_3 + 3C \longrightarrow 4Al + 3CO_2$$

电解反应时，操作过程和两极上的生成物如图1-3所示。

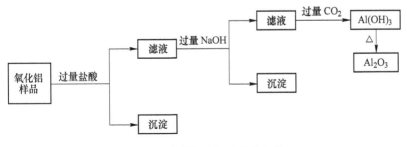

图1-3 氧化铝电解过程及产物

将阴极上析出的铝液从电解槽中抽出并放进炉中，经过煅烧净化后即可得到电解铝锭。世界铝业对 2013 年世界主要地区（如北美、南美、西欧、中国、除中国外的亚洲地区、阿拉伯国家、非洲、澳大利亚、东欧等）的电解铝产量进行了统计，统计结果如图 1-4 所示。自 2003 年以来，我国就成为世界上最大的电解铝生产国，目前电解铝的产量约占世界总产量的 50%。

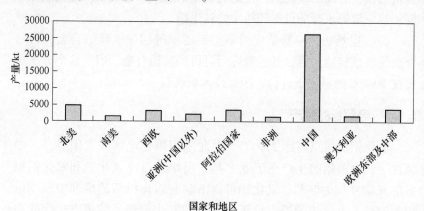

图 1-4　2013 年世界主要区域电解铝的产量

我国电解铝锭的牌号和化学成分符合国家标准 GB/T 1196—1993 的规定，具体牌号和化学成分见表 1-5。

表 1-5　重熔用铝锭牌号及化学成分

牌号	化学成分/%							
	Al	杂　质						
		Fe	Si	Cu	Ga	Mg	其他每种	总和
Al99. 85	≥99. 85	≤0. 12	≤0. 08	≤0. 005	≤0. 030	≤0. 030	≤0. 015	≤0. 15
Al99. 80	≥99. 80	≤0. 15	≤0. 10	≤0. 01	≤0. 03	≤0. 03	≤0. 02	≤0. 20
Al99. 70	≥99. 70	≤0. 20	≤0. 13	≤0. 01	≤0. 03	≤0. 03	≤0. 03	≤0. 30

牌号	Al	杂 质						
		Fe	Si	Cu	Ga	Mg	其他每种	总和
Al99.60	≥99.60	≤0.25	≤0.18	≤0.01	≤0.03	≤0.03	≤0.03	≤0.40
Al99.50	≥99.50	≤0.30	≤0.25	≤0.02	≤0.03	≤0.05	≤0.03	≤0.50
Al99.00	≥99.00	≤0.50	≤0.45	≤0.02	≤0.05	≤0.05	≤0.05	≤1.00

注：1. 铝含量为 100.00%与含量等于或大于 0.010%的所有杂质总和的差值。

2. 表中未规定的其他杂质元素，如 Zn、Mn、Ti 等，供方可不做常规分析，但应定期分析。

3. 对于表中未规定的其他杂质元素的含量，如需方有特殊要求时，可由供需双方另行协议。

4. 分析数值的判定采用修约比较法，数值修约规则按 GB 8170 第 3 章的有关规定进行。修约数位与表中所列极限位数一致。

国际上电解铝锭的牌号近似对照表见表 1-6。

表 1-6 国际上电解铝锭的牌号近似对照表

序号	中国 GB/T 1196	国际标准 ISO CD 115	德国 DIN 欧洲 EN 576	英国 BS	法国 NF	俄罗斯 ГОСТ 11069	日本 JIS H2102	美国 ASTM B37 等
1	Al99.90	Al99.9	EN AB—Al99.90			—	特 1 级	P0507A
2	Al99.85	Al99.8	EN AB—Al99.85	A85			特 2 级	P1015A
3	Al99.70A	Al99.70A	EN AB—Al99.7E	A7E			1 级	P1020A
4	Al99.70	Al99.7	EN AB—Al99.70	A7			1 级	P1020A

序号	中国 GB/T 1196	国际标准 ISO CD 115	德国 DIN	英国 BS	法国 NF	俄罗斯 ГОСТ 11069	日本 JIS H2102	美国 ASTM B37 等
			欧洲 EN 576					
5	Al99. 60	Al99. 6	EN AB—Al99. 6E			A6	1 级	P1520A
6	Al99. 50	Al99. 5	EN AB—Al99. 50			A5	2 级	P1535A
7	Al99. 00	Al99. 0	EN AB—Al99. 00			A0	3 级	990A

　　电解铝制造的精铝锭的牌号和化学成分应符合国家标准 GB/T 8644—2000 的规定，见表 1-7。

表 1-7　精铝锭的牌号及化学成分

牌号	化学成分/%							
	Al	杂　质						
		Fe	Si	Cu	Zn	Ti	其他杂质 每种	总和
Al99. 996	≥99. 996	≤0. 0010	≤0. 0010	≤0. 0015	≤0. 001	≤0. 001	≤0. 001	≤0. 004
Al99. 993	≥99. 993	≤0. 0015	≤0. 0013	≤0. 0030	≤0. 001	≤0. 001	≤0. 001	≤0. 007
Al99. 99	≥99. 99	≤0. 0030	≤0. 0030	≤0. 0050	≤0. 002	≤0. 002	≤0. 001	≤0. 01
Al99. 95	≥99. 95	≤0. 02	≤0. 02	≤0. 01	≤0. 005	≤0. 002	≤0. 005	≤0. 05

　　注：1. 铝含量按 100% 与杂质 Fe、Si、Cu、Ti、Zn 等含量的总和（百分数）之差来
　　　　　计算。
　　　　2. 表中未列其他杂质元素，如需方有特殊要求，可由供需双方协商。
　　　　3. 分析数值的判定采用修约比较法，数值修约则按 GB 8170 第 3 章的有关规定进
　　　　　行。修约数位与表中所列极限位数一致。

1.2 纯铝的分类及性质

1.2.1 纯铝的分类

根据纯度和制备工艺的不同，一般将纯铝分为原铝、精铝、高纯铝与再生铝等4种。

金属中铝的含量最少为99%，且其他杂质元素的含量不超过规定值，称为纯铝；采用霍尔/埃鲁电解法提炼的金属铝，称为原铝、一次铝或电解铝；在纯铝的基础上，经过特殊冶炼方法制备的纯度高于99.95%的金属铝，称为精铝；一般情况下，高纯铝并无明确定义，各个国家对高纯铝的定义和表示方法均有所不同。

再生铝是由废旧铝和废铝合金材料或含铝的废料，经重新熔化提炼而得到的铝合金或铝金属，是金属铝的一个重要来源。一般来说，再生铝主要以铝合金的形式出现。

高纯铝主要有两种表示方法：

（1）直接给出铝的纯度，如99.96%、99.996%、99.998%等。

（2）用"数字+N"或"数字+N+数字"的式子进行表示，如4N(99.99%)，4N6(99.996%)等。如果纯铝的成分在4N与5N之间时，可将其写成4N+。

世界各国对纯铝的分级标准如下：

（1）中国。根据铝含量将重熔用铝锭分为三级，见表1-8。

表1-8 中国重熔用铝锭铝含量标准

分 类	铝含量/%
纯铝	99.00≤铝含量≤99.85
精铝	99.95≤铝含量≤99.996
高纯铝	铝含量>99.996

（2）日本。日本工业标准（JIS）将凡是经过精炼获得的原铝都定义为高纯铝，即铝含量大于99.95%，日本高纯铝的分类见表1-9。

表 1-9　日本精铝（高纯铝）铝含量标准　　　　　（%）

种类	Si	Fe	Cu	Al
特种	<0.002	<0.002	<0.002	>99.995
一级	<0.005	<0.005	<0.005	>99.990
二级	<0.020	<0.020	<0.010	>99.950

（3）美国。美国通常将纯度大于99.80%的铝都称为高纯铝，其分类标准见表1-10。

表 1-10　美国高纯铝铝含量标准

铝含量/%	名　　称
99.50~99.79	工业纯铝（commercial pure Al）
99.80~99.949	高纯铝（high pure Al）
99.950~99.9959	次超高纯铝（subsuper high pure Al）
99.9960~99.9990	超高纯铝（super high pure Al）
99.9990 以上	极高纯铝（extreme high pure Al）

（4）欧洲。欧洲各国通常将高纯铝定义为将99.7%原铝经偏析法或三层电解法精炼获得的铝。

1.2.2 纯铝的性质

1.2.2.1 铝的物理性质

铝具有银白色的金属光泽，其基本性质见表1-11。此外，铝具有良好的光反射性，纯度越高的铝对紫外线的反射能力越强，将真空镀铝膜和多晶硅薄膜相结合，即可得到太阳能电池材料。铝的导电性优异，在电力工业上可替代铜导线或者铜电缆。铝的散热性优良，可制作各种热交换器及民用炊具等。铝的延展性较好，最薄可获得厚度仅为0.01mm的铝箔。

表1-11 纯铝的基本性质

性 质	数 值
原子序数	13
原子价	3
结构（25℃）	面心立方
相对原子质量	26.9815
原子半径/nm	0.1428
比热容/$J \cdot (kg \cdot K)^{-1}$（20℃）	929.5
熔解热/$kJ \cdot kg^{-1}$（20℃）	396
晶格常数/nm（20℃）	0.404
熔点/℃	660.37
沸点/℃	2500
密度/$g \cdot cm^{-3}$（20℃）	2.699
多晶杨氏模量/GPa（25℃）	69

性　质	数　值
多晶泊松比（25℃）	0.35
线胀系数/K^{-1}（20℃）	22.41×10^{-6}
热导率/W·（m·K）$^{-1}$（20℃）	217.71
凝固体积收缩率/%	6.6

1.2.2.2　铝的化学性质

金属铝是一种非常活泼的金属，具有较强的还原性，既能与酸发生反应，也可以与碱反应，常温下在浓硝酸或者浓硫酸中发生钝化。

（1）铝与氧的反应。铝极易与氧发生反应生成 Al_2O_3。其反应式为：

$$4Al+3O_2 =\!=\!= 2Al_2O_3$$

氧化铝具有很大的生成热，$\Delta H_{298}=(-1677\pm6.2)$ kJ/mol，相当于 -31 kJ/g（Al）。铝在纯氧中燃烧发出耀眼的白光。

（2）铝的还原性。铝在高温下可利用还原反应制取镁、锰、锂、铬等纯金属。其一般反应式（Me 表示金属）为：

$$2Al+3MeO =\!=\!= Al_2O_3+3Me$$

（3）铝的歧化反应。在 800℃ 以下，金属铝会和三价卤化物（$AlCl_3$、AlF_3、AlI_3、$AlBr_3$）发生反应生成一价铝的卤化物。这些一价铝的卤化物在冷却时分解生成金属铝和常价铝的卤化物，反应方程式如下：

$$2Al+AlCl_3 =\!=\!= 3AlCl$$

（4）铝的两性性质。铝既能与稀酸发生反应生成铝盐，也能与碱溶液反应生成可溶性铝酸盐和氢气。但是高纯铝对某些酸的耐性优良，可用来储存浓硫酸、硝酸、有机酸等化学试剂。

（5）铝不与任何碳氢化合物发生反应。但由于碳氢化合物中有时会含有少量的酸或者碱，因此铝在其中也会受到侵蚀。铝也不与酒精、酮、酚、醌、醛等发生反应，但铝会和醋酸反应，反应随着温度的升高而加剧。

（6）铝的保护剂。许多有机或无机的胶体（如淀粉、树脂、糊精、树胶等）、碱金属的铬酸盐和重铬酸盐、高锰酸盐、铬酸、过氧化氢以及其他氧化剂等都可以作为铝的保护剂，它们可有效促进铝表面生成致密的保护性氧化膜。但这种保护剂的防护作用会因为环境的差异而不同，并且保护剂中也常有些有害的杂质影响防护效果。

1.2.2.3 铝的力学性能

纯铝较软，一般可用压痕法测试其硬度大小，并且纯铝的硬度随着其纯度的提高而降低。对于杂质含量一样的工业纯铝，Fe/Si 比值较低时的硬度较高。由于热处理可使硅固溶于铝基体中，因此热处理后纯铝的硬度值有明显的提高。此外，铜也可以增加纯铝的硬度。

纯铝的强度会随着铝纯度的提高而下降，随着温度的升高而降低。工业纯铝和高纯铝的抗压强度、抗剪强度和抗拉强度近似相等。冷加工会降低铝的塑性，但是会提高其强度。通常情况下，铝中存在的其他合金元素会降低铝的塑性，但会提高其强度和硬度。

铝及其合金的疲劳强度测试值会根据试验方法的变化而变化，但并不存在真正的疲劳极限值。目前大多数的疲劳值都是在 $10^7 \sim 10^9$ 次重复载荷下得到的，循环次数为 10^7 的值比 10^9 的值高 10% 左右。高纯铝的屈服点低于大多数试验的应力，因此测试结果只表示试验期间材料的强度。疲劳强度值由于硬化作用，很大程度上依赖于载荷的作用速率，疲劳强度值也会在 4~5GPa 到 40~50GPa 之间变化。对工业纯铝进行退火处理后，其疲劳极限值分布范围为 20~30GPa。纯铝的屈服强度一般高于其疲劳强度，而诸如合金化、变形加工等提高抗拉强度的方式均可改善其疲劳强度。

高纯铝的蠕变性能对其中杂质的特征、含量和比例非常敏感，因此蠕变结果一般没有可重复性。对于工业纯铝而言，不同试样之间的差别一般都在同一数量级内，相对较小。纯铝的蠕变机理跟温度和载荷有关，高温下，蠕变机制以晶界和亚晶界的迁移为主，低温和高载荷条件下，蠕变机制以位错和晶体滑移为主。

1.2.2.4 铝的成形工艺性能

在铸造时，铝铸件会形成表层细晶区、中间柱状晶区和中心粗大等轴晶区等 3 部分，由于熔融金属与铸件型腔壁接触部位的冷却速度很快，从而产生较大的过冷度，导致爆发式形核，从而形成细小且不规则的晶粒。在凝固结晶初期，较低的浇注温度和压力均会有利于形成表层细晶区。

1.3　铝的应用

自电解炼铝法出现以来，铝的生产和消费约以平均每十年增长一倍的速度发展。铝的生产和消费在第二次世界大战期间由于强烈的军事需求而获得高速增长，到 1943 年，原铝的产量已增至 200 万吨左右。1945 年，原铝总产量由于军需的锐减而下降到 100 万吨左右。然而，民用领域，如电子电气、日用五金、交通运输、食品包装等对铝的需求逐渐增加。特别是近几十年工艺与冶炼方法的不断改进，并且电价下降，因此铝工业迎来了惊人的发展速度。全世界原铝产量从 1940 年的不到 100 万吨，发展到 1990 年的 2000 万吨，铝产量和消费量的年增长率也保持在 5%。到 2001 年世界铝产量（包括原铝和再生铝）和消费量均已超过 3000 万吨，2017 年全球电解铝产量为 6340 万吨，消费量为 6339 万吨。

由于铝及其合金的一系列优异的性能，使其在第二次世界大战后的应用由军事需求转为民用工业并进入生活的各方面，成为发展国民经济与提高人民物质生活和文化生活水平的重要基础材料。铝及其合金的应用领域随着社会需求的迅速增长而不断拓宽，在第一次和第二次世界大战期间，铝材主要用来制造飞机、坦克、舰艇、火箭、战车、导弹等军需品，作为重要的军事战略物资占铝材总产量的 70%以上。在 20 世纪 50 年代，军需品铝材用量下降到 20%以下，而机械制造、电气电子等日用消费品的铝材用量增长显著。20 世纪 60 年代，建材用铝占铝材总量的 25% 以上。在 1970~1980 年间，由于易拉罐和软包装业的兴起，包装用铝材的消费量占总量的 20% 以上。20 世纪 80 年代末和 20 世纪 90 年代初，汽车、铁路车辆等交通运输领域的轻量化使该行业铝材的应用量占总量的 20% 以上。根据预测，2020 年全球铝消费总量将达到 7000 万吨，未来 5 年的年均复合增长率达到 4.53%，2016 年全球铝消费已达 5903 万吨（不包括再生铝）。

目前我国是世界上铝材消费第一大国，然而消费结构与欧美发达国家的区别比较明显，如图 1-5 和图 1-6 所示。以美国为例，其第一大用铝领域是交通运输，占总量的 35%，建筑用铝占了 12%，包装领域占 28%。而在我国，建筑用铝是第一大用铝领域，占比 34%，其次是交通、电力、包装、机械制造、耐用消费品和电子通信，分别占比 22%、14%、11%、8%、8% 和 34%。

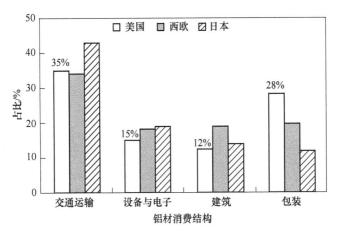

图 1-5　欧美等发达国家铝材消费结构

铝及铝合金具有一系列优异的基本特性，因此在航天、航海、航空、交通运输、桥梁、建筑、电子电气、能源动力、冶金化工、农业排灌、机械制造、包装防腐、电器家具、日用文体等各个领域都获得了十分广泛的应用，其基本特性、主要特点和主要应用领域见表1-12。

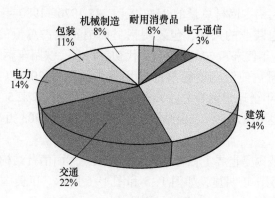

图 1-6　中国铝材消费结构

表 1-12　铝的基本特性及主要应用领域

基 本 特 性	主 要 特 点	主要应用领域举例
质量轻	铝的密度为 2.7g/cm³，与铜（密度为 8.9g/cm³）或铁（密度为 7.9g/cm³）比较，约为它们的 1/3；铝制品或用铝制造的物品质量轻，可以节省搬运费和加工费用	用于制造飞机、轨道车辆、汽车、船舶、桥梁、高层建筑和质量轻的容器等
强度好	铝的力学性能不如钢铁，但它的比强度高，可以添加铜、镁、锰、铬等合金元素制成铝合金，再经热处理得到很高强度的铝合金，其强度比普通钢好，也可以和特殊钢媲美	用于制造桥梁（特别是吊桥、可动桥）、飞机、压力容器、集装箱、建筑结构材料、小五金等
加工容易	铝的延展性优良，易于挤出形状复杂的中空型材和适于拉伸加工及其他各种冷热塑性成形	受力结构部件框架、一般用品及各种容器、光学仪器及其他形状复杂的精密零件

基本特性	主 要 特 点	主要应用领域举例
美观，适于各种表面处理	铝及其合金的表面有氧化膜，呈银白色，相当美观，如果经过氧化处理，其表面的氧化膜更牢固，而且还可以采用染色和涂刷等方法，制造出各种颜色和光泽的表面	建筑用壁板、器具装饰、装饰品、标牌、门窗、幕墙、汽车、飞机蒙皮、仪表外壳及室内外装修材料等
耐蚀性、耐气候性好	铝及其合金因其表面能生成硬而且致密的氧化薄膜，很多物质对它不产生腐蚀作用，选择不同合金，在工业地区或海岸地区使用，也会有很优良的耐久性	门板、车辆、船舶外部覆盖材料、厨房器具、化学装置、屋顶瓦板、电动洗衣机、海水淡化、化工石油、材料、化学药品包装等
耐化学药品	对硝酸、冰醋酸、过氧化氢等化学药品不反应，有非常好的耐药性	用于化学装置、包装及酸和化学制品包装等
导热、导电性好	导热、导电率仅取决于铜，约为钢铁的3~4倍	电线、母线接头、锅、电饭锅、热交换器、汽车散热器、电子元件等
对光、热、电波的反射性好	对光的反射率：抛光铝为70%，高纯度铝经过电解抛光后为94%，比银（92%）还高，铝对热辐射和电波，也有很好的反射性能	照明器具、反射镜、屋顶瓦板、抛物面天线、冷藏库、冷冻库、投光器、冷暖器的隔热材料
没有磁性	铝是非磁性体	船上用的罗盘、天线、操舵室的器具等
无毒	铝本身没有毒性，它与大多数食品接触时溶出量很微小，同时由于表面光滑、容易清洗，故细菌不易停留繁殖	食具、食品包装、鱼罐、鱼仓、医疗机器、食品容器、酪农机器

续表 1-12

基本特性	主 要 特 点	主要应用领域举例
吸声性	铝对声音是非传播体，有吸收声波的性能	用于室内天棚板等
耐低温	铝在温度低时，它的强度反而增加而无脆性，因此它是理想的低温装置材料	冷藏库、冷冻库、南极雪上车辆、氧及氢的生产装置

中国是世界上有色金属铸件生产和消费的大国之一，其中铝合金铸件是有色金属铸造产业的支柱。铸造铝合金主要有 3 种：Al-Si 系（国内牌号 ZL1××）；Al-Cu 系（国内牌号 ZL2××）；Al-Mg 系（国内牌号 ZL3××）。在这 3 种铸造铝合金中，强度较高的是 Al-Si 系和 Al-Cu 系。其中 Al-Si 系合金的铸造性能优异，如流动性好、热裂倾向小等，同时力学性能、物理性能、切削加工性能和气密性均较好，是铸造铝合金中品种最多、应用最广的合金。随着 Si 含量的增加其流动性也会相应增加，但铸件易产生缩孔缺陷，主要用来制备大型薄壁复杂的铸件。Al-Cu 系铸造合金的力学性能和耐热性相对较好，具有优异的切削性，热处理后材料的力学性能有较为显著的提高，特别是伸长率较高，但铸造性能很差，如流动性差、热裂倾向大等，耐蚀性也相对较差，属于较难采用铸造成形的合金。Al-Mg 系铸造合金在充形过程中易氧化，熔体流动性也较差，固液相温度区间范围较宽，对冒口的补缩能力较差，铸件的成品率相对较低。但合金的耐蚀性优异，具有极好的耐海水腐蚀性，对其表面进行阳极氧化可得到较为美观的外观。该体系合金的熔炼和铸造均比较困难，但其伸长率较大。

铝合金在汽车上使用的比较早，20 世纪 80 年代，美国在每辆轿车上平均用铝量为 55kg，90 年代达到 130kg，2000 年达到 270kg。铝合金在汽车上的应用主要有铸造铝合金、变形铝合金和锻造铝合金等，表 1-13 列出了日本、美国、德国汽车零部件用铝材的品种构成。

表 1-13 日本、美国、德国汽车零部件用铝材的品种构成 （%）

国别	铸件	变形铝合金	锻造件
日本	80.0	18.5	1.5
美国	71.8	27.5	0.7
德国	79.0	17.8	3.2

铝合金在国外汽车上的应用比较广泛，如美国福特公司的"林肯"牌 1981 年型车，其铝合金零件就达 90kg，英国利兰汽车公司和奥康铝材公司合作生产的 ECW 三型铝合金汽车，仅重 665kg，加速性、燃油经济性均较好，每百千米油耗仅为 7.06L。国外汽车的铝合金部件主要有活塞、气缸盖、气缸体、离合器壳、油底壳、保险杠、热交换器、支架、车轮、车身板及装饰部件等，奥迪 A8 全铝车很早就推出上市。铝合金在国产汽车上的应用相对较少，如解放牌汽车用铝量仅为 6.59kg，南京跃进 NJ130 用铝量为 9.55kg，东风 EQ140 仅为几千克，这些铝合金主要用于制造活塞、皮带轮，少数车型用于汽缸盖和进气歧管等。但是，随着我国工业技术的不断发展，铝合金在汽车上的用量逐年增加，如 2019 年蔚来推出的国产 ES8 全铝 SUV，如图 1-7 所示。

图 1-7 国产 ES8 全铝 SUV

1.4　铸造铝合金

　　材料的成分决定其组织结构，组织结构又进一步决定了材料的性能，因此可以从优化合金成分、调控合金组织等方面入手来提高铸造铝合金的性能。以 Al-Si 系合金为例，可以通过 Si 相变质、晶粒细化和合金化的方法实现。

　　Al-Si 合金中共晶 Si 呈针片状、初晶 Si 呈粗大多角状或板块状分布在基体上，这些粗大相会割裂铝基体，造成应力集中，从而降低合金的室温伸长率和加工性能。通过变质处理，细化 Al-Si 合金组织中的初晶 Si 和共晶 Si 相，可以在一定程度上提高合金的室温力学性能。

　　初晶 Si 常用的变质元素有 P 和 RE 等，变质元素的加入可以减小初晶 Si 相的尺寸，使其尺寸和形貌转变为相对较小的块状。共晶 Si 常用的变质元素有 Na、Sb、Sr 等，杂质诱发孪晶机理是目前被广为接受的共晶 Si 相变质机理。初晶和共晶 Si 相的变质作用可以显著提高铸造 Al-Si 系合金的室温力学性能和耐磨性，但是，共晶 Si 相的变质会对 Al-Si 合金的高温性能带来不利影响。Asghar 和 Lasagni 等人利用同步辐射等 3D 表征手段对 Al-Si 合金（$w(\text{Si})>7\%$）的研究发现，层片状共晶 Si 在 α-Al 基体内部以相互搭接的方式形成立体网状结构，当受到外力作用时，这种结构可以有效地将载荷由软韧的 α-Al 基体传递到硬质的 Si 相中，但是这种传递效果随着共晶 Si 相的球化而降低。对于 Al-12Si 合金而言，随着 Si 相的细化变质，合金的高温（300℃）强度和抗热循环蠕变能力均下降。

　　合金的室温力学性能可以通过晶粒细化的途径进行提高。Al-Si 系合金的晶粒细化可以用以下几种方法实现：添加晶粒细化剂、快速凝固、超声振动和机械（电磁）搅拌等，而晶粒细化最简单有效的途径是在熔体中加入晶粒细化剂。常用的晶粒细化剂包括 Al-B、Al-Ti、Al-Ti-B 和 Al-Ti-C 等中间合金，其中，Al-Ti-B 细化剂是目前应用最广、最有效的晶粒细化剂。

根据用途，一般可将 Al-Ti-B 细化剂分为以下两种：

（1）Ti/B>2.2，如 Al-5Ti-1B 合金，该合金主要应用于工业纯铝和合金元素含量较低的铝合金在凝固过程中的细化。Al-5Ti-B 合金在熔体中首先发生熔解析出 Al_3Ti 和 TiB_2 两种粒子，Al_3Ti 粒子在铝熔体中迅速溶解并将 Ti 原子释放出来以阻碍晶粒生长，TiB_2 粒子则在熔体中保持稳定为均匀形核提供形核核心。

（2）Ti/B<2.2，如 Al-3Ti-4B 和 Al-3Ti-3B 等，主要应用于硅含量较高的铝合金在凝固过程中的细化。大量研究表明，Al-Ti-B 晶粒细化剂和 Al-Sr 变质剂会发生反应影响细化和变质效果，如 Liao 等人发现在 Al-Si 合金中 Sr 和 B 的共同存在会降低两者的细化和变质作用，Faraji 等人研究了过共晶 Al-Si 合金中 Sr 与 Al-3Ti-B 的相互作用，发现当熔体中 Sr 元素的含量降低时，Sr 与 Ti 之间的毒化作用减弱。

在铸造铝合金中，合金元素的加入对其组织和性能会产生显著的影响。铜在纯铝中的添加虽然会损害合金的铸造性能，但能起到增强合金力学性能的作用，如肖代红等人研究表明在一定范围内增大铜元素的含量，能改善合金的室温抗拉强度和高温稳定性。在铝合金中加入镁，可以显著影响合金时效热处理过程和析出相的组成，随着合金中镁含量的提高，合金的时效速度加快，抗拉强度呈现先增大后减小的趋势。但是镁的过量添加也会存在不利的影响，如组织中会出现少量低熔点的三元共晶相，此相在凝固末期以液膜状分布在晶界处，使合金的结晶温度升高，热裂倾向增加，另外，此相在后续热处理时会出现过烧，极大降低合金的力学性能。在铝中加入一定量的锰，由于锰可以提高铝基体的稳定性，降低固溶体的分解倾向和强化晶界，因此可以起到显著的强化作用。被誉为"工业维生素"的稀土元素也可以加入铝合金中，稀土元素很难溶于铝合金中，一方面，可以细化铝基体的晶粒尺寸，另一方面，还可以与铝形成金属间化合物，阻碍晶界的移动。

铝合金在一定的介质或空气中加热到一定温度并保持一段时间，然后以某种冷却速率冷却至室温，从而改变其组织和性能的方法称为热处理。绝大部分的铸造铝合金均可通过热处理的方式改善或调整其组织和性能。为了提高纯铝的性能，通常在纯铝中加入铜、锌、镁、硅、锂、稀土等元素，这些合金元素在铝中的固溶度一般都是有限的，固溶度随温度的变化而显著变化是合金能进行热处理强化的前提。当合金元素的固溶度随温度变化时，铝合金可以进行热处理强化。如图 1-8 所示，根据合金元素的种类，铝合金可分为可热处理强化铝合金和不可热处理强化铝合金。铸造铝合金由于其合金元素总量约占总质量分数的 8% ~ 25%，且元素含量也随着温度的变化而变化，因此可用热处理方式进行强化，但距 *D* 点越远，热处理强化的效果越不明显。

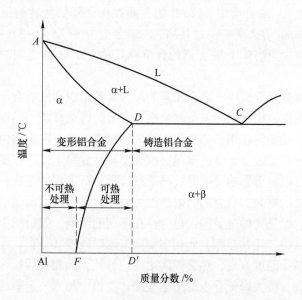

图 1-8　铝合金能否热处理的分类

　　铝合金的热处理工艺流程虽然与钢的淬火工艺基本相似，但强化机理却完全不同。铝合金在加热过程中发生第二相溶解于基体中形成单相的 α 固溶体，淬火后得到单相的过饱和 α 固溶体，但不发生同素异构转变。因此，铝合金的加热和淬火处理称为固溶处理。由于第二相的溶解，因此合金的塑性得到较大的提高。单相的过饱和 α 固溶体的强化作用有限，所以铝合金固溶处理后的强化和硬度提高均不明显。过饱和 α 固溶体在随后的室温或低温加热保温时，第二相从过饱和固溶体中重新析出，导致合金的强度、韧性等产生显著的变化，这一过程称为时效。铝合金在室温放置条件下产生强化的称自然时效；在低温加热条件下产生强化的称人工时效。因此，铝合金的热处理强化以固溶处理和时效处理居多。由于铸造铝合金的细化分类很多，相应的热处理工艺也多种多样，本书仅以合金的性能和用途为标准，简单介绍铸造耐热铝合金、铸造高强韧铝合金和铸造耐蚀铝合金三大类，这 3 类合金都是铸态合金，不涉及热处理工艺。

2 耐热铸造铝合金

2.1 应用概况

汽车保有量在世界汽车工业持续快速发展的支持下大幅度增长。根据中国公安部交通管理局公布的最新数据，截至 2019 年 6 月底，中国国内的汽车保有量已达 2.5 亿辆，如果按 13.95 亿人口计算，中国每千人的汽车保有量已经达到 179 辆，超过世界每千人汽车保有量平均 170 辆的水平。这是中国汽车保有量首次超过 2.5 亿辆，也是千人汽车保有量首次超过世界平均水平，而全球的汽车保有量也早已超过了 10 亿辆。目前世界能源消耗和污染物排放最主要的来源之一就是汽车，因此，为了保护环境和节约能源，世界上很多发达国家都制订了严格的法律法规限制汽车的排放量。我国汽车近四十年的二氧化碳排放量及趋势如图 2-1 所示，从图中可以看出，中国自 2006 年起就已经成为二氧化碳排放量最大的国家。为了在保证经济增长的同时降低环境污染，我国对燃油汽车提出了具体要求，并发布了 GB 19578—2014《乘用车燃料消耗量限值》强制性国家标准，同时也在大力推进新能源汽车的发展，并在国家层面上为新能源汽车的购买提供补贴。中华人民共和国工业和信息化部在 2014 年提出，燃油汽车的燃油消耗量要从 2015 年的 6.9L 降低到 2020 年 5.0L。国家环境保护部、国家质检总局于 2016 年底发布了《轻型汽车污染物排放限值及测量方法（中国第六阶段）》，自 2020 年 7 月 1 日起实施；环境保护部、国家质检总局于 2018 年又发布《重型柴油车污染物排放限值及测量方法（中国第六阶段）》，自 2019 年 7 月 1 日起实施。从这些国家政策可以看出，汽车轻量化势在必行。

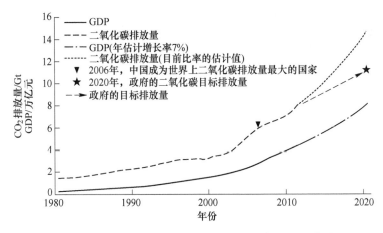

图 2-1 1980~2020 年国内节能减排对于二氧化碳排放的控制标准

随着工业的不断发展，资源和能源等问题逐渐凸显，各国政府尤其是发达国家均对汽车制造企业提出了降低产品能耗和减少污染等要求。自 1993 年起，三大汽车公司在美国政府的组织下先后实施了"新一代汽车合作伙伴计划"（PNGV）和"自由合作汽车研究计划"，明确提出选用新材料实现汽车减重和提高燃料效率，以达到减少二氧化碳排放的目的。据测算，汽车自重每减少 10%，油耗可减少 5.5%，燃料经济性可提高 3%~5%，同时污染排放降低约 10%。目前，汽车工业消费了全世界铝总量的 12%~15% 以上，有些发达国家甚至超过 25%，其中铸造铝合金占汽车总用铝量的 80%。

发动机是汽车的心脏部件，以铸造铝合金替代原来的铸铁材料可以显著提高燃料效率并减轻自身重量。在汽车发动机动力部件中，约 100% 的活塞、85% 的进气歧管以及 75% 的气缸盖等都是铝合金铸造出来的。由于铸造铝合金在实现汽车轻量化、降低能源消耗以及减少环境污染等方面具有显著效果，因此，开展铸造铝合金的相关研究已成为世界性的热点课题。

铸造耐热铝合金是指具有足够的高温抗氧化性、抗塑性变形（蠕变）和破坏的能力以及良好导热能力的铝合金。铸造耐热铝合金在兵器、船舶、航空、航天、汽车等行业，尤其是在汽车发动机的生产中得到了广泛应用。但是，传统铸造铝合金的高温性能目前已经临近极限状态，不能满足汽车发动机日益提高的发展需求。例如，活塞作为发动机燃烧室中关键的零部件之一（见图2-2），需要承受25～300℃的热机械疲劳作用并在350～400℃的高温环境中长时间使用，活塞铝合金的强度和性能会随着服役时间的延长而大幅度下降，从而限制了其应用范围。在保证铝合金室温强度的基础上提高其高温性能是铸造铝合金研究中要解决的重要问题。

图2-2　铝合金活塞

2016年以来，燃油汽车保有量的增加推动了发动机活塞产量的显著增长。2016年，中国铝活塞的生产总量为30954.78万只，预计2020年将达到47901.91万只，2016～2020年中国铝活塞生产总量趋势如图2-3所示。

国内外经济形势对汽车活塞行业的供需平衡有较大的影响，经济形势好的情况下行业的供给会增加，同时行业成长的步伐会加快，从而使得汽车活塞行业的供需达到平衡。而在经济形势走弱的情况下，我国的市场需求就会较少，同时企业的供给就会相应减少，汽车活塞就难达到供需平衡。2016～2020 年汽车活塞行业供需平衡趋势如图 2-4 所示。

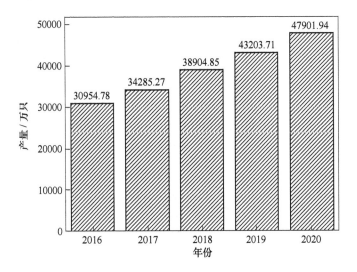

图 2-3　2016～2020 年中国铝活塞产量趋势

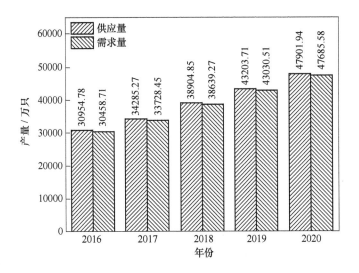

图 2-4　2016～2020 年中国铝合金活塞供需量趋势

关于铝合金活塞的生产，一般是采用铸造的方法成形，根据活塞尺寸的大小不同，其成形工艺也有较大的区别：

（1）微型小活塞的铸造工艺。微型小活塞一般情况下是直径小于 80mm 的微型轿车、摩托车等小型活塞，这些活塞的活塞壁多数都很薄，但是部分的内腔结构也较复杂，铸造生产时很容易出现环槽疏松和销孔内疏松，外圆和顶部也易产生针孔和渣眼等铸造缺陷。国内目前常采用金属型手工铸造的方法成形（见图 2-5），少数采用双模或多模浇注机生产，也有些使用压铸的方法生产。

图 2-5　金属型铸造活塞使用的模具

（2）中型活塞的铸造工艺。这种活塞的直径在 80~200mm 之间，品种多、产量大，适合批量化生产。目前我国的活塞制造企业是引进英国、德国、日本等国生产的自动浇注机，使我国的活塞铸造工艺有了质的飞跃。

（3）大型活塞的铸造工艺。这种工艺适合于生产直径 200mm 以上的活塞，具有个大、壁厚、用铝多、凝固慢和相对批量较少的特点。采用金属型铸造难度较大，废品率也较高，模具使用寿命短，生产成本较高，所以目前多采用挤压铸造的方式进行生产。卧式挤压铸造机如图 2-6 所示。

图 2-6 卧式挤压铸造机

2.2 耐热铸造铝合金的研究现状

Al-Si 二元合金属于简单共晶型合金，共晶点的 Si 质量分数为 12.6%，其二元相图如图 2-7 所示。合金的铸造性能（如流动性和热裂倾向等）会随着合金中 Si 含量的增加而提高，并且在共晶成分附近达到最优。铸造 Al-Si 合金中 Si 量一般在 4%~20%之间。低 Si 合金（亚共晶 Al-Si 合金）的强度较高且塑性也相对较好，而高 Si 合金（$w(\mathrm{Si}) \geqslant 14\%$）的线膨胀系数较低且耐磨性较高。

铸造 Al-Si 系合金是铸造铝合金中品种最多、用途最广的合金系，Al-Si 系合金铸件占铝合金铸件总量的 90%以上，相关室温和高温性能的研究也相对较多。为了满足工业生产的实际需要，通常会在 Al-Si 合金中添加诸如 Mg、Cu、Ni、Ti、Mn 等合金元素来提高其综合性能。

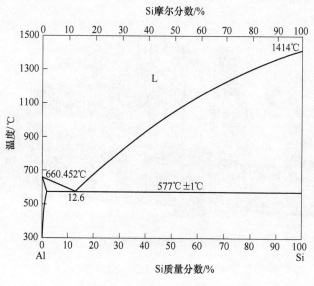

图 2-7　Al-Si 二元相图

2.2.1　Al-Si-Mg 系铸造耐热铝合金

　　Mg 在铝合金中的室温固溶度约 0.34%，极限固溶度约 14.9%，因此可以通过固溶强化和时效强化提高合金的强度。在铸造 Al-Si-Mg 系合金中，Mg 与 Si 反应形成 Mg_2Si 和 Mg_5Si_6 等二元相，这些相可以在固溶过程中溶入基体中。时效处理后，Mg-Si 二元相会在基体中形成大量弥散分布的过渡相 β′ 和 β″，使合金获得时效强化效果。铸造 Al-Si-Mg 系合金的主要强化相 Mg_2Si 在温度超过 180℃ 时会迅速粗化，因此该体系合金的耐热性较差。Haghdadi 等人研究了铸造 Al-Si-Mg（A356）合金的高温流变行为，发现合金在 400℃ 和 450℃ 时会出现软化行为，共晶 Si 相的破碎和 Mg-Si 二元相的粗化是导致这一行为的主要原因。Esgandari 等人的研究结果（见图 2-8）表明，在 A356 合金中增加 Mg 元素的含量可以在枝晶间形成大量汉字状的 Mg_2Si 相，同时半固态加工方式提高了 Mg 在 α-Al 基体中的溶解度，降低了体系的堆垛层错能，使合金的蠕变性能显著提高。

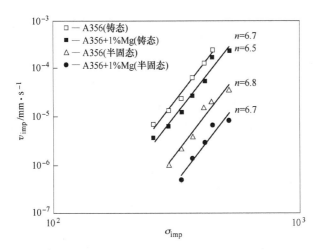

图 2-8 传统铸造和半固态加工的 A356 和 A356+1%Mg
合金应力与压入蠕变速率之间的关系

2.2.2 Al-Si-Cu 系铸造耐热铝合金

Cu 在铝合金中的室温固溶度约为 0.2%，极限固溶度约为 5.65%，同样可以通过固溶强化和时效强化提高合金的强度。由于 Cu 原子和 Al 原子的原子半径差异较大，因此 Cu 原子在基体中的固溶会产生较大的晶格畸变，阻碍位错运动，从而提高合金的强度。此外，Al 与 Cu 发生反应形成 θ-Al_2Cu 相，经后续热处理析出的 θ' 和 θ'' 相，均可以提高合金的力学性能。Al_2Cu 相在 200℃ 以下保持稳定，使合金的高温性能提高。Wang 等人研究了共晶 Al-Si-Cu-Fe-Mn 合金的组织和室温及高温拉伸性能，显微组织中出现的汉字状 α-Fe（$Al_{15}(Fe，Mn)_3Si_2$）相和块状 Al_2Cu 相是合金室温和高温拉伸性能提高的主要原因，经过 T6（510℃×6h + 160℃×5h）热处理后，合金在室温时的抗拉强度为 336 MPa，在 300℃ 时的抗拉强度为 144.3 MPa。该结论与 Hiroyuki 等人的研究结果相似，表明组织中出现的 Al_2Cu 相可以提高铸造 Al-Si-Cu 系合金在 200℃ 左右时的高温力学性能。

2.2.3 Al-Si-Cu-Ni-Mg 系铸造耐热铝合金

如前所述，使用 Al-Si-Mg 系和 Al-Si-Cu 系铸造铝合金制备的铸件, 其服役温度一般低于 200℃。而如果铸件的服役温度超过 225℃, 则一般使用 Al-Si-Cu-Ni-Mg 系铸造铝合金, 这类合金主要应用在发动机活塞上, 因此也被称为活塞铝合金。刘相法等人系统研究了 Al-Si-Cu-Ni-Mg 活塞铝合金的组织及其性能, 发现 Ni 在合金中主要形成 Al_3Ni、Al_3CuNi、Al_7Cu_4Ni 等含 Ni 的金属间化合物, 其中 Al_3CuNi 相对合金的高温强度贡献显著。随着 Al-Si-Cu-Ni-Mg 合金中 Cu 质量分数的增加 (2.63% ~ 5.45%), 网状和半网状结构的 Al_3CuNi 相体积分数逐渐增加, 合金在 350℃ 时的抗拉强度由 78.1MPa 增加到了 93.5MPa。C. Y. Jeong 研究了铸造 Al-Si-Cu-Mg 和 Al-Si-Cu-Ni-Mg 合金的疲劳和蠕变性能, 发现随着合金中 Ni 和 Cu 含量的增加, 组织中逐渐析出了高温稳定的 $Al_3(Ni, Cu)_2$ 和 Fe-NiAl 金属间化合物, 这些金属间化合物可以促进形成位错墙并提高蠕变激活能, 进而提高合金的抗蠕变性能。在 Al-Si-Cu-Ni-Mg 合金中, 随着 Cu 和 Ni 含量的增加, 100 ~ 300℃ 的线膨胀系数从 $23.6 \times 10^{-6}℃^{-1}$ 降低到了 $21.6 \times 10^{-6}℃^{-1}$, 25 ~ 400℃ 的弹性模量增加了 5GPa, 蠕变断裂时间从 2.8h 延长到 23.8h (蠕变温度 250 ~ 400℃, 蠕变应力 20 ~ 130MPa), 应力指数 n 从 5.3 增加到 6.6, 变形激活能从 269 kJ/mol 增加到 311 kJ/mol。德国马勒公司研制的 Al-Si-Cu-Ni-Mg (M142) 合金具有良好的铸造性能和力学性能, 重力铸造的 M142 合金在 350℃ 时的抗拉强度可达 100MPa, 使其在汽车发动机活塞上得到了广泛应用。

2.2.4　Al-Si 系铸造耐热铝合金的牌号及其性能

Al-Si 系铸造耐热铝合金主要包括以下两类:

(1) 牌号为 319、A380 和 A356 (美国) 等 Al-Si-Mg 系和 Al-Si-Cu 系铸造铝合金, 主要应用于发动机缸体和缸盖等;

(2) 牌号为 M124、M142、M174 (德国), ZL117、YL117 (中国), A390、A393 (美国) 等共晶和过共晶 Al-Si-Cu-Mg 系铸造铝合金, 主要应用于发动机活塞中。

具有代表性的 Al-Si 系铸造耐热铝合金牌号及化学成分见表 2-1, 其室温和高温性能见表 2-2。

表2-1 Al-Si 系铸造耐热铝合金牌号及化学成分（质量分数） （%）

类别	合金牌号	国名	化学成分（余量为 Al）							
			Si	Cu	Mg	Ni	Fe	Mn	其 他
	A319	美国	5.5~6.5	3.0~4.0	0.1	0.35	1.0	0.5	1Zn0.25Ti
	ZL702A	中国	6.0~8.0	1.2~1.8	0.25~0.5	—	—	0.1~0.2	0.05~0.15Ti
	328.0	美国	7.5~8.5	1.0~2.0	0.2~0.6	0.25	1.0	0.2~0.6	1.5Zn0.35Cr
亚共晶铝硅系	AC4B	日本	7.0~10.0	2.0~4.0	1.0	0.02	0.5	0.035	1.0Zn
	AC8B	日本	8.5~10.5	2.0~4.0	0.5~1.5	0.1~1.0	1.0	0.5	0.5Zn0.2Ti
	AC8C	日本	8.5~10.5	2.0~4.0	0.5~1.5	0.5	1.0	0.5	0.5Zn0.2Ti
	SAE323	美国	8.5~10.5	2.0~4.0	0.5~1.5	0.5	1.2	0.5	1.0Zn0.25Ti

续表 2-1

类别	合金牌号	国名	化学成分（余量为 Al）						
			Si	Cu	Mg	Ni	Fe	Mn	其他
共晶铝硅系	ZL108	中国	11.0~13.0	1.0~2.0	0.4~1.0	0.3	0.7	0.3~0.9	0.2Zn0.2Ti0.05Pb
	ZL109		11.0~13.0	0.5~1.5	0.8~1.3	0.8~1.5	0.7	0.2	0.2Zn0.2Ti0.05Pb
	M124		11.0~13.0	0.8~1.5	0.8~1.3	0.8~1.3	0.7	0.3	0.3Zn0.2Ti0.05Cr
	M142	德国	11.0~13.0	2.5~4.0	0.5~1.2	1.75~3.0	0.7	0.3	0.3Zn0.2Ti0.2Zr
	M174		11.0~13.0	3.0~5.0	0.5~1.2	1.0~3.0	0.7	0.3	0.3Zn0.2Ti0.2Zr
	AC8A	日本	11.0~13.0	0.8~1.3	0.7~1.3	1.5	0.8	0.15	0.15Zn0.2Ti
	SAE321	美国	11.0~12.5	0.5~1.5	0.47~1.3	3.0	1.3	0.35	0.35Zn0.25Ti
	SAE328		11.0~12.5	1.0~2.0	0.4~1.0	0.05	0.9	0.9	1.0Zn0.25Ti

续表 2-1

类别	合金牌号	国名	化学成分（余量为 Al）						
			Si	Cu	Mg	Ni	Fe	Mn	其他
过共晶铝硅系	A390	美国	16.0~18.0	4.0~5.0	0.45~0.7	—	0.5	0.1	0.1Zn0.2Ti
	393	美国	21.0~23.0	0.7~1.1	0.7~1.3	2.0~2.5	0.8	0.5	0.1Zn0.1~0.2Ti
	AC9A	日本	22.0~24.0	0.5~1.5	0.5~1.5	0.5~1.5	0.8	0.5	0.2Zn0.2Ti
	AC9B	日本	18.0~20.0	0.5~1.5	0.5~1.5	0.5~1.5	0.8	0.5	0.2Zn0.2Ti
	ZL117	中国	19.0~22.0	1.0~2.0	0.4~0.8	—	1.0	0.3~0.5	0.1Zn0.5~1.5RE0.2Ti
	M126	德国	14.8~18.0	0.8~1.5	0.8~1.3	0.8~1.3	0.7	0.2	0.3Zn0.2Ti0.05Cr
	M138	德国	17.0~19.0	0.8~1.5	0.8~1.3	0.8~1.3	0.7	0.2	0.3Zn0.2Ti0.05Cr
	M145	德国	14.0~16.0	2.5~4.0	0.5~1.2	1.75~3.0	0.7	0.3	0.3Zn0.2Ti0.2Zr
	M244	德国	23.0~26.0	0.8~1.5	0.8~1.3	0.8~1.3	0.7	0.2	0.2Zn0.2TI0.2Zr0.6Cr

表 2-2　Al-Si 系铸造耐热铝合金室温和高温力学性能

合金牌号	铸造方法	热处理状态	室温			高温		
			抗拉强度/MPa	屈服强度/MPa	伸长率/%	温度/℃	抗拉强度/MPa	伸长率/%
AC8B	J	T6	290~370	210~370	0.7~1.0	200	95	14
ZL702A	S	T6	290~320	—	4.0~6.0	250	160~168	6.0~8.0
328.0	J	T6	214	160	1.5	250	75	—
AC4B	J	T6	245	170	3.0	250	80	—
A319	S	T4	260	—	1.5	300	70	7.0
AC8A	J	T6	280~360	200~240	0.5~1.0	350	73	12.0
ZL108	J	T7	250	—	—	300	94.1	—
ZL109	J	T6	≥248	—	—	300	≥109	—
M124	J	T6	200~250	190~230	<1.0	350	35~70	10.0
M142	J	T6	200~280	190~260	<1.0	350	80~100	7.0~9.0
M145	J	T6	200~280	190~260	<1.0	350	80~100	7.0~9.0
M174	J	T6	200~280	190~260	<1.0	350	80~100	7.0~9.0
M126	J	T6	180~220	170~200	1.0	350	35~75	5.0
M138	J	T6	180~220	170~200	1.0	350	35~75	5.0
M244	J	T6	170~210	170~200	<1.0	350	35~55	2.0
A390	J	T6	310	310	≤1.0	300	88	—

注：S 为砂型铸造，J 为金属型铸造。

Al-Cu 二元合金的相图如图 2-9 所示。Al-Cu 系铸造合金中 Cu 含量为 3%~11%，有较高的热处理强化效果和较好的热稳定性，适合铸造高温下使用的零件，但缺点是铸造性能较差，易产生裂纹，耐蚀性也不好，线膨胀系数也相对较大。Al-Cu 系铸造铝合金可用于制造服役温度在 300~350℃ 之间形状简单的铸件。

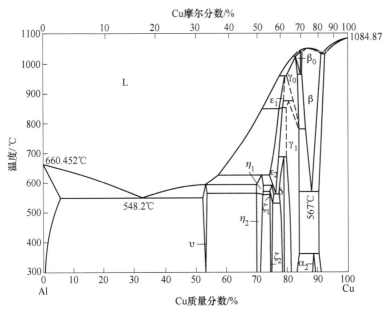

图 2-9　Al-Cu 二元相图

Al-Cu 二元合金的强化相是 $\theta(Al_2Cu)$ 相，二元合金的组织较简单，铸态组织由 α-Al+Al_2Cu 相组成。当 Cu 质量分数在 4.0%~5.0% 时（ZL203），共晶组织基本上成连续的网状，当 Cu 质量分数提高到 10% 时（ZL202），共晶组织已经变成厚的封闭网状。ZL203 合金的共晶组织可以在固溶处理后完全溶解在基体中，组织变成单相 α-Al，而 ZL202 合金仍有大量共晶 Al_2Cu 相残留在晶界处，可提高合金的高温强度但降低其塑性。Cu 含量不同的 Al-Cu 合金室温和高温力学性能见表 2-3。

表 2-3　Al-Cu 系铸造合金的室温和高温力学性能

Cu/%	20℃		150℃		200℃		250℃		300℃		350℃	
	σb /MPa	δ/%	σb /MPa	δ/%	σb /MPa	δ/%	σb /MPa	δ/%	σb /MPa	δ/%	σb /MPa	δ/%
6	142	4.0	115	3.5	108	4.0	110	5.0	85	6.0	55	10.0
8	152	2.0	115	2.5	108	2.0	112	3.0	86.5	4.5	57	5.0
12	153	1.5	115	1.5	107	1.5	108	2.0	102	3.5	71	4.5
14	154	1.5	116	1.5	105	1.0	104	1.5	102	1.5	74	4.5

2.2.5　合金元素在 Al-Cu 合金中的作用

由于 Al-Cu 合金在高温下纳米共格/半共格亚稳相 θ′ 会快速向非共格稳定相 θ 转变并长大，进而很难再对晶界起到有效的钉扎作用，降低合金的高温拉伸性能和蠕变性能，因此一般在 Al-Cu 合金中加入 Mn、Cr、Zr、Sc 和 RE（如 Er、La 等）等元素引入新的共格析出相，同时增加原有 θ′ 相的数目且降低其尺寸以提高合金的耐热性。在 ZL205A 基础上开发的新型耐热高强 Al-Cu-Mn 铸造合金（牌号 211Z.1），合金中除以 θ′ 相为主的强化相外，晶粒内部还存在细小的弥散强化相 T-Al$_{12}$Mn$_2$Cu 相，合金中尺寸约 2nm 的球状 Cd 相促进了强化相的形核和生长。211Z. X 耐热高强韧铝合金是在 Al-Cu 系合金中加入 Ti、Zr、RE 等元素，Ti 与 B 同时加入形成的 TiB$_2$ 是铝合金细化剂，Zr 可与 Al 形成细小弥散的金属间化合物质点 Al$_3$Zr，Al$_3$Zr 可以有效阻碍再结晶和晶粒长大。适量的 RE 加入铝合金中可起到变质、精炼、净化以及微合金化作用。加入这些元素以后，该合金的室温抗拉强度约为 500MPa，伸长率可达 10%，350℃ 时的强度不小于 130MPa。

Sc 作为微量添加元素，在 Al 基合金中可以析出共格的 Al$_3$Sc 相，该相能强烈地钉扎位错和晶界，稳定合金的亚结构，显著细化晶粒并提高合金强度。但由于 Sc 的价格过高，因此限制了 Sc 在 Al-Cu 合金中的应用。近年来，研究人员发现在 Al-Cu 合金中添加微量的 Er，可形成与基体共格/半共格的 Al_3Er 相，该相与热稳定的 $L1_2$ 型 Al_3Sc 相类似，可以细化合金的铸态组织，提高合金的热稳定性及其硬度和强度。Yao 等人研究了 La 对铸造 Al-Cu 合金组织和蠕变性能的影响规律。结果表明，La 可明显增加 θ' 相的数目并降低其尺寸，提高时效强化效果，在 Cu 质量分数为 6% 的 Al-Cu 合金中添加质量分数为 1% 的 La 后，析出的 $Al_{11}La_3$ 相有效地抑制了晶界滑动并限制了位错运动，使蠕变性能比 Cu 质量分数为 6% 的 Al-Cu 合金提高 3~5 倍。在铸造 Al-Cu 合金中添加稀土元素 Pr 及其氧化物 Pr_xO_y 可以获得和 La 相似的效果。Pr 及其纳米氧化物颗粒能减低 θ' 相的尺寸，提高 θ' 相的数量，并且在晶界和枝晶边缘处析出具有优异高温稳定性的 $Al_{11}Pr_3$ 相，抑制蠕变过程中晶界的迁移和位错的运动，在同样的蠕变条件下，不添加 Pr 元素的合金稳态蠕变速率是添加 Pr 合金的 4 倍，其时间-应变蠕变曲线如图 2-10 所示。

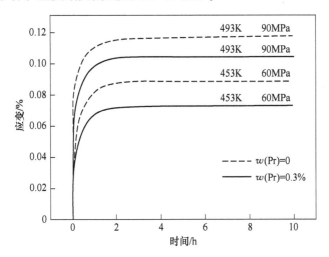

图 2-10　铸造 Al-Cu 合金中添加 Pr 前后的时间-应变蠕变曲线

在 Al-Cu 系合金中添加微量 Ag，会在 Al 合金的主要滑移面

$\{111\}_\alpha$ 上共格析出新的 $\Omega-Al_2Cu$ 相，能有效阻止位错滑动，大幅度提高材料的力学性能，同时该相也具有较好的高温稳定性。但随着汽车工业的不断发展，Al-Cu-Mg-Ag 合金已经越来越满足不了发动机的性能要求，因此在 Al-Cu-Mg-Ag 系合金的基础上添加稀土元素，成为该系合金发展的一个趋势。Min Song 等人研究了稀土 Ce 对 Al-Cu-Mg-Ag 合金组织和性能的影响，结果表明，与不含 Ce 的合金相比，含 Ce 的 Al-Cu-Mg-Ag 合金中 Ω 相的尺寸较小、密度和体积分数较大，表明 Ce 可以显著降低 Ω 相的形核密度并抑制其生长速率，并且 Ce 可以显著降低 Cu 在 Al 基体中的扩散速率，进而抑制 Ω 相的粗化速率。另外，部分过饱和的 Ce 原子聚集在 Ω 相与基体的界面处可以降低自由能，提高 Ω 相的高温稳定性。

2.2.6　Al-Cu 系铸造耐热铝合金的牌号及其性能

Al-Cu 系铸造耐热铝合金中 ZL205A、ZL207、ZL208（中国）以及国外合金 RR350（英国）、АлР1（俄罗斯）、A201.0 和 206（美国）等牌号合金均已用于发动机部件的铸造，如汽缸、汽缸头、活塞和缸盖等。具有代表性的 Al-Cu 系铸造耐热铝合金牌号及化学成分见表 2-4，其室温和高温力学性能见表 2-5。

表 2-4　Al-Cu 系铸造耐热铝合金牌号及化学成分（质量分数）　　（%）

合金牌号	国名	化学成分（余量为 Al）						
		Cu	Mn	Ti	Fe	Ni	Si	其他
ZL201	中	4.5~5.3	0.6~1.0	0.15~0.35	0.3	0.1	0.3	0.2Zn0.2Zr0.05Mg
ZL203	中	4.0~5.0	—	—	0.3	0.1	0.3	0.2Zn0.2Zr0.05Mg
ZL204A	中	4.6~5.3	0.6~0.9	0.15~0.35	0.15	0.05	0.06	0.35Cd0.1Zn0.15Zr

合金牌号	国名	化学成分（余量为 Al）						
		Cu	Mn	Ti	Fe	Ni	Si	其他
ZL205A	中	4.6~5.3	0.3~0.5	0.15~0.35	0.15	—	0.06	0.25Cd0.3V0.2Zr
ZL208	中	4.5~5.5	0.2~0.3	0.15~0.25	0.5	1.3~1.8	0.3	0.3Zr0.4Co0.4Sb
A201	美	4.0~5.2	0.2~0.5	0.15~0.35	0.15	—	0.1	0.4~1.0Ag
206	美	4.2~5.0	0.2~0.5	0.15~0.30	0.15	0.05	0.1	0.1Zn0.05Sn

表 2-5　Al-Cu 系铸造耐热铝合金室温和高温力学性能

合金牌号	铸造方法	热处理状态	室温			高温		
			抗拉强度 /MPa	屈服强度 /MPa	伸长率 /%	温度 /℃	抗拉强度 /MPa	伸长率 /%
ZL201	S	T4	335	—	12.0	300	150	10.0
ZL203	S	T6	250	165	5.0	250	60	25.0
ZL204A	S	T5	480	395	5.2	300	155	3.1
ZL205A	S	T6	510	—	7.0	300	175	3.5
ZL208	S	T7	290	210	1.8	300	85	—
A201	LPDC	T7	450	420	6.0	300	175	9.0
206	J	T7	436	350	11.7	300	180	18

注：LPDC 为低压铸造。

2.2.7　Al-Mg 系铸造耐热铝合金

Al-Mg 系铸造铝合金耐蚀性和强度较高且切削加工性能好，因此也被称为耐蚀铸造铝合金。一般在 Al-Mg 系铸造铝合金中添加 Sc 元素可提高合金的高温性能，但由于 Sc 的成本过高，因此 Al-Mg-Sc 系合金只在航空航天领域获得应用。有学者研究了 Al-Mg-Sc 合金的组织和耐热机理，他们认为 Sc 影响了枝晶前沿液相端的溶质原子富集区，从而细化了合金的铸态组织。Sc 在 Al-Mg 系合金中可以形成与基体共格的纳米 Al_3Sc 相，该相可以在高温下有效钉扎位错和晶界，并具有极好的高温稳定性。在 Al-Mg-Sc 合金中加入 Zr 或 Er 元素后会形成具有核壳结构的纳米析出相替代 Al_3Sc 相，因此可以在一定程度上降低合金成本。

2.2.8　铝基复合材料

在传统的铸造耐热铝合金成分优化和组织调控没有较大突破的情况下，科研工作者将注意力放在对传统铸造铝合金的基体增强上，通过原位生成或者外加增强相的方法制备复合材料，获得优异的高温性能。山东滨州渤海活塞股份有限公司制备了一种用 Al_2O_3 短纤维增强的铝基复合材料活塞，有效地将载荷从基体传递到增强纤维上，使材料在350℃时的抗拉强度达到110MPa 左右，伸长率约为 0.9%。杨忠等人用小漩涡液态搅拌法制备了 SiC_p 增强铝基复合材料，SiC 分布均匀，与基体界面的结合良好，当基体中含有体积分数为 15% 的 SiC_p 时，材料在350℃的抗拉强度达到了213MPa。Requena 等人研究了短纤维增强 AlSi12CuMgNi 活塞铝合金的组织及其在300℃的蠕变性能，结果表明，在蠕变过程中，扩散导致了共晶 Si 相和金属间化合物的粗化，这种粗化增加了共晶 Si 相、金属间化合物和短纤维之间的接触面积，加强了载荷从 Al 基体相增强相传递的效果，从而降低了蠕变速率。

2.3 耐热铸造铝合金的高温性能评价

在室温条件下，位错运动以基面滑移为主并受到各种因素的阻碍（如晶内沉淀相与位错的交互作用，溶质原子的畸变应力场，晶界、亚晶界和相界等），位错很难发生攀移，合金强度可以得到有效提高。但是材料在高温下的变形特征不同于室温，且更加复杂。在高温（以固相线温度或材料熔点 T_m 为基准，当约比温度大于 $0.4 \sim 0.5$ 时，为高温状态）下，原子热振动振幅增大、原子间结合力下降，使位错的攀移变得容易且室温下的各因素对位错的阻碍作用下降，从而使合金的强度降低。另外，在室温下充当强化作用的各种非平衡组织（如 GP 区、亚稳相、加工硬化等）在高温作用下都会向平衡组织转化，使材料性能发生明显变化。例如，用于汽车发动机缸体、缸盖上的铸造 Al-Si-Cu-Mg 合金处于 170℃ 以上时，室温强化相 Al_2Cu、Mg_2Si、Al_2CuMg 等会发生不同程度的溶解和粗化，进而很难再起到钉扎位错和晶界的作用。

铝合金基体在高温下将发生软化，降低材料的性能，但固溶强化可以提高基体的热强性。为了使固溶强化效果明显，所加固溶元素首先不能使合金的熔点显著降低。合金的熔点越高，再结晶温度相应也高，合金的耐热性也就越好。对于铝合金而言，固溶强化一般选择过渡族元素作为强化的主要元素，它们可以与铝形成熔点较高、再结晶温度也较高的包晶以及共晶系组织，比如 Al-Ti 系和 Al-Zr 系的包晶反应温度分别为 665℃ 和 660℃，Al-Mn 系、Al-Fe 系以及 Al-Ni 系的共晶反应温度分别为 658℃、655℃ 和 640℃。非过渡族金属元素一般与铝发生共晶反应，并且反应温度较低，如 Al-Mg 系共晶反应温度为 450℃。其次，固溶元素应该遵循"多元少加"的原则，使固溶体成分复杂化，从而增大原子之间的结合力，减慢固溶体分解速度和原子的扩散过程，提高固溶体高温下的热稳定性。另外，扩散速率越低、平衡固溶度越小的合金元素，其固溶强化效果越明显。铝合金中常用的固溶强化元素有 Cu、Ni、Fe、Mn、Cr 以及稀土等。

弥散强化是提高铝合金室温强度和高温强度的主要机制之一。弥散强化机制类似于析出强化，区别在于强化相的尺寸不同。析出强化的强化相极为细小，主要是在时效热处理后从基体中析出，而弥散强化的强化相则是在合金凝固过程中产生，较为粗大。弥散强化相所起的强化作用主要有以下两个方面：

（1）当弥散相呈细小且均匀分布时，会以 Orowan 强化机制为主导强化机制，同时由于弥散相硬度高不易切割，因此可以防止弥散相与基体的共面滑移，使材料的滑移变形行为均匀化，避免局部应力的产生，提高合金的塑性。

（2）弥散相热稳定性高，高温下扩散系数小并且对基体有较低的溶解度，不易粗化和溶解，这种弥散相可以阻碍高温下铝合金的晶界滑移和位错攀移，抵抗晶粒的软化，使合金在高温下仍具有较高的强度。

弥散相本身的性质是弥散强化效果的主要影响因素之一。在一定限度内，弥散相的硬度、强度越高，弥散强化效果越好，当超过某一限度时，合金的力学性能反而下降。另外，弥散相的分布、数量、形态以及尺寸大小也影响着合金的弥散强化效果。沿晶界分布或呈针状的弥散相会加重合金的脆化倾向，降低强度。另外，弥散相应该与基体是冶金结合，结合状态良好，否则在变形过程中两者界面会发生分离行为裂纹源，降低合金的塑性。

材料在高温力学行为中的重要特点之一是发生蠕变。所谓蠕变，是指材料在恒温、恒载荷的长时间作用下缓慢而持续地塑性变形（非弹性变形，inelastic deformation）。蠕变发生的温度是相对的，在任何温度下都会发生蠕变，只是蠕变效应在低温下不明显，只有当约比温度 T/T_m 大于 0.3 时才较显著。蠕变效应产生变化的原因与材料微观组织结构的变化密切相关：温度使热振动晶格间距增大、扩散加剧，从而使位错的滑移、交滑移、攀移以及晶界滑动变得更加容易。

材料的蠕变行为可以通过蠕变曲线进行描述。蠕变曲线是在恒定应力（或恒载荷）的作用下，表征应变量（纵坐标）和时间（横坐标）变化关系的曲线。图 2-11 所示为典型的蠕变曲线形状，蠕变曲线中某点的蠕变速率可用该点的斜率表征。通常蠕变过程可以根据蠕变速率的变化分为三个阶段。

第Ⅰ阶段（primary creep）为减速蠕变阶段（也称过渡蠕变阶段）。这个阶段的起始蠕变速率较大，随着时间的延长，蠕变速率逐渐下降。

第Ⅱ阶段（secondary creep）为稳态蠕变阶段（也称恒速蠕变阶段，steady state creep）。这一阶段的蠕变速率最小且基本不变，其平均速率即是最小蠕变速率，是衡量蠕变性能的重要指标之一。蠕变速率的恒定是回复软化和加工硬化相互平衡共同作用的结果。

第Ⅲ阶段（tertiary creep）为加速蠕变阶段（也称失稳蠕变阶段）。这一阶段的蠕变速率随着时间的延长而逐渐增大直至蠕变断裂。

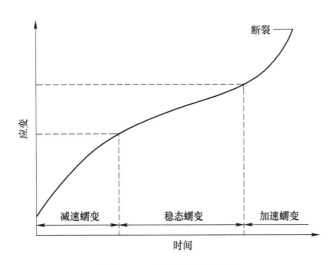

图 2-11 典型的蠕变曲线

蠕变过程随着应力和温度的变化而变化。当应力减小或温度降低时，蠕变第Ⅰ阶段和第Ⅱ阶段时间延长，甚至不出现第Ⅲ阶段。当应力增大或温度升高时，蠕变第二阶段缩短，甚至消失，材料在经过过渡蠕变阶段后迅速进入失稳蠕变阶段而发生蠕变断裂。

材料的蠕变变形机理主要有原子扩散、位错运动和晶界滑动等。

较高的温度给原子和空位可以发生热激活扩散的可能，在不受外力的作用下，它们的扩散是随机且无序的。当受到外力时，晶内产生不均匀应力场，原子和空位将会定向扩散，从而引起晶粒平行于受力方向伸长（拉伸）或平行于受力方向收缩（压缩），致使材料发生蠕变。在蠕变第 I 阶段，蠕变行为会使材料逐渐产生加工硬化，增大位错源开动和位错滑动的阻力，从而不断降低其蠕变速率。而加工硬化的不断发展会促进动态回复的发生，使材料逐渐软化。当加工硬化和回复软化达到动态平衡时，蠕变速率减到最小且保持不变，因此形成了稳态蠕变阶段。高温下，外力会促使晶界发生相对滑动，引起明显的塑性变形。对于金属材料而言，晶界的滑动一般是由空位的定向扩散和晶粒的纯弹性畸变引起的。在稳态蠕变阶段，恒应力会导致位于最大切应力方向的晶滑动，滑动使三叉晶界处形成应力集中，如果应力集中无法被滑动晶界前方的变形或迁移所松弛，那么当应力集中超过晶界的结合强度时，三叉晶界处必然发生开裂形成孔洞，从而导致蠕变裂纹萌生，进一步导致材料蠕变断裂。

大量实验结果表明，稳态蠕变速率与温度满足阿累尼乌斯关系（Arrhenius equation）：

$$\dot{\varepsilon} = A_0 \sigma^n \exp\left(-\frac{Q}{RT}\right) \tag{2-1}$$

式中　$\dot{\varepsilon}$——稳态蠕变速率；

$\quad\quad A_0$——与温度无关与材料相关的常数；

$\quad\quad \sigma$——应力；

$\quad\quad n$——应力指数；

$\quad\quad Q$——蠕变激活能；

$\quad\quad T$——绝对温度；

$\quad\quad R$——普适气体常数（8.31J/mol）。

不同材料在稳态阶段的蠕变机制可以用应力指数 n 和蠕变激活能 Q 进行预测。

在保持温度不变的情况下，应力指数 n 可由下式计算：

$$n = \left[\frac{\partial \ln \dot{\varepsilon}_{\min}}{\partial \ln \sigma}\right]_T \tag{2-2}$$

在保持应力不变的情况下，蠕变激活能 Q 可由下式计算：

$$Q = \left[\frac{\partial \ln \dot{\varepsilon}_{min}}{\partial(-1/RT)} \right]_{\sigma} \quad (2-3)$$

当 $n=1$ 时为纯扩散蠕变机制；当 $n=2$ 时为晶界滑动机制；当 $n=3$ 时为位错的黏性滑移机制；当 $n=4\sim6$ 时为位错攀移机制；当 $n=6\sim8$ 时为位错的交滑移机制。而多数纯金属的蠕变激活能接近于其自扩散激活能，说明扩散过程主导了高温蠕变行为。

Jaglinski 等人研究了压铸 B390（Al-17Si-4Cu-0.5Mg）、共晶型 Al-13Si-3Cu-0.2Mg 和过共晶型 Al-17Si-0.2Cu-0.5Mg-1.2Fe 3 种成分合金在 $T=220\sim260℃$ 和 $\sigma=31\sim92.8MPa$ 范围内的蠕变行为。其结果表明，3 种合金的断裂均发生在减速蠕变阶段，共晶型 Al-Si 合金具有较长的蠕变寿命。减速蠕变阶段的数学模型可用 $J(t)=A+Bt^n$ 表示，其中 A、B 和 n 的值取决于蠕变应力的大小。3 种合金蠕变抗性之所以较差，其的原因在于初晶 Si 相的脆性断裂和铸造缺陷。

Spigarelli 等人研究了压铸 390（Al-17Si-4.5Cu-0.5Mg）合金在 $T=280\sim380℃$ 和 $\sigma=12\sim50MPa$ 范围内的蠕变行为和触变成形 Al-17Si-4Cu-0.55Mg 合金在 $T=280\sim380℃$ 和 $\sigma=5\sim12MPa$ 范围内的蠕变行为。其结果表明，触变成形 Al-17Si-4Cu-0.55Mg 合金在低应力范围内的应力指数为 4.4，高应力范围内的应力指数更高，蠕变激活能 $Q=210kJ/mol$，他们认为合金的蠕变机制类似于铝基复合材料，以黏性滑移和位错攀移机制为主。在压铸 390 合金中得到的结论与之相似，即 390 的蠕变行为类似于在 6061 合金中复合了 20%Al_2O_3 颗粒的蠕变行为。

以上学者的结论表明铸造 Al-Si 系合金在蠕变过程中类似于铝基复合材料，即蠕变时可将硬质相视为 Al 合金的增强相。

合金的微观组织和宏观尺寸在高温热暴露时都会随时间的延长而逐渐发生变化，从而造成性能的改变，这种变化统称为材料的热稳定性。需要在高温下服役的合金在成分设计和工件选材时，热稳定性是材料所必须考虑的重要因素之一。热稳定性主要包括高温组织稳定性和尺寸稳定性。而合金组织的稳定与否又会直接导致材料力学性能的变化，即材料的力学性能随热暴露温度和时间的延长而降低。

耐热铝合金在高温下长时间服役时，析出相的粗化将失去其对位错运动的钉扎作用，从而引起材料性能的降低。合金经过 T6 热处理（固溶处理+时效处理）后的综合性能达到峰值，后续在高温下长时间保温的过程相当于对其进行过时效处理，随着保温时间的增加，合金的力学性能下降。C. S. Liauo 等人研究了经过 150~350℃热暴露后 AC8A／Al_2O_3 合金组织和性能的变化，他们发现合金经过 T6 热处理后，Si 相和其他金属间化合物相（如 Al_3（Ni，Cu，Fe，Si，Mg）$_2$ 和 Al_3（Ni，Cu，Fe，Si，Mg）相等）并没有随着热暴露温度的改变而改变，但是当热暴露温度超过 250℃时，合金的性能急剧下降，合金强度的降低是高温下基体的软化和强化相（Mg_2Si 相）由与基体共格、半共格的 GP 区和亚稳相向非共格稳态相的转变造成的。张坤等人对经过多级断续时效处理后的 Al-5.3Cu-0.4Mg-0.4Ag 合金不同热暴露后的显微组织和性能的变化进行了研究，发现 $\Omega-Al_2Cu$ 相在 150℃长时间热暴露后依旧稳定存在，但亚稳 Al_2Cu 的数量明显增加且亚稳 Al_2Cu 相长大，当热暴露温度提高到 200℃时，亚稳相向平衡相转变且 $\Omega-Al_2Cu$ 相明显长大。

尺寸稳定性是指合金在固定或非固定环境下抵抗其自身不可逆尺寸变化的性能。当材料在高温下长时间保温时，尺寸的永久性改变会导致零部件公差和间隙的改变，使零件磨损速度加快，从而造成零件失效。外加应力、内应力以及显微组织的改变是影响合金尺寸稳定性的因素。一般尺寸稳定性的大小可用线膨胀系数表示，线膨胀系数越小，尺寸稳定性越好。一般而言，实际工作条件下零件的尺寸稳定性多数属于变温环境下间歇性载荷的尺寸稳定性问题，其影响因素多且复杂，所以目前国内外研究人员主要针对无载荷作用下的尺寸变化问题进行研究。对于铸造铝合金而言，多元合金的尺寸稳定性高于二元合金的，因此可以通过添加合金元素的方法来提高合金的尺寸稳定性。在实际生产中，也可以采用机械加工和磁场处理等手段改善合金的尺寸稳定性。

2.4　典型耐热铸造铝合金铸态组织及性能

以常用的 Al-Si 系活塞铝合金（Al-12Si-4Cu-2Ni-0.8Mg）为例，分析其凝固过程、铸态组织及室温和高温力学性能。

利用 JMatPro 软件模拟了合金在平衡凝固过程中可能出现的金属间化合物及其析出温度，如图 2-12 所示。模拟结果表明，合金凝固过程中可能出现的主要金属间化合物为 γ-Al_7Cu_4Ni、δ-Al_3CuNi 以及 Q-$Al_5Cu_2Mg_8Si_6$ 等。Si 相的析出温度为 560~575℃，γ-Al_7Cu_4Ni 相的析出温度为 540~550℃，δ-Al_3CuNi 相的析出温度为 530~540℃，Q-$Al_5Cu_2Mg_8Si_6$ 相的析出温度为 520~530℃，与 Y. Yang 等人利用 Thermo-Calc 软件进行模拟的结果基本一致。

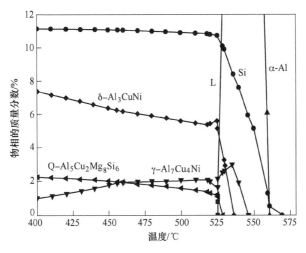

图 2-12　JMatPro 模拟铸造 M174 合金中可能的析出相

冷却速度是影响铸造合金铸态显微组织和性能的重要因素之一。较高的冷却速度可以细化晶粒，缩短二次枝晶间距，降低缩孔倾向并使孔洞均匀化分布，还可以变质和细化 Si 相，因此有必要测试本实验所用合金的凝固曲线，结果如图 2-13 所示。本实验条件下，合金的冷却速度约为 6.1℃/s。凝固曲线中可观察到明显的"再辉"现象，此现象为 Al-Si 共晶反应时所释放的结晶潜热在凝固曲线上的数据反馈。图 2-13（b）为合金前期凝固曲线的放大图，根据凝固曲线结果可知，Al-Si 共晶反应形核过冷度约为 20℃，结晶潜热释放造成的"再辉"温度约为 2℃。

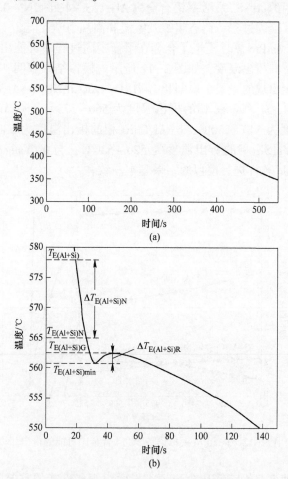

图 2-13　铸造 M174 合金凝固曲线

$T_{E(Al+Si)}$ —平衡凝固时 Al-Si 理论共晶反应温度；$T_{E(Al+Si)N}$ —实际凝固过程（非平衡凝固）
Al-Si 的共晶反应温度；$\Delta T_{E(Al+Si)N}$ —形核过冷度；$T_{E(Al+Si)G}$ —Al-Si 共晶生长温度；
$T_{E(Al+Si)min}$ —Al-Si 共晶反应的最低温度；$\Delta T_{E(Al+Si)R}$ 为再辉过冷温度

为了进一步理解合金凝固过程中金属间化合物的析出过程，对其进行 DSC 测试，结果如图 2-14 所示。图 2-14 (b) 为合金凝固后期 DSC 曲线的放大图，在 DSC 曲线中有 6 处吸热峰，它们依次出现在 494.5℃、504.2℃、523.1℃、530.8℃、548.5℃和553.6℃处，这表示合金在这 6 个温度处分别发生相变反应。根据 N. A. Belov 和 M. Zeren 等人对 Al-Si-Cu-Ni-Mg 系多元合金相变和凝固过程的研究结果（见图 2-15），分析 Al-Si 系铸造合金可能发生的反应，进一步

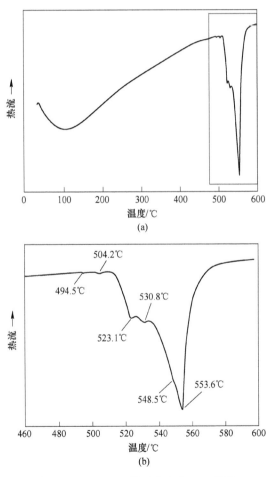

图 2-14 Al-Si 系铸造合金的 DSC 曲线

细化和修正前人的数据，得出该合金体系的凝固过程流程图，如图 2-16 所示。494.5℃出现的微弱吸热峰对应 θ-Al₂Cu 相的相变析出温度，504.2℃出现的吸热峰对应 Q-Al₅Cu₂Mg₈Si₆ 相的四元共晶反应温度，523.1℃ 和 530.8℃ 的吸热峰对应 γ-Al₇Cu₄Ni 相的包晶和共晶反应温度，548.5℃出现的吸热峰对应着 δ-Al₃CuNi 相的共晶反应温度，553.6℃的吸热峰则为 Al-Si 共晶反应的反应温度。

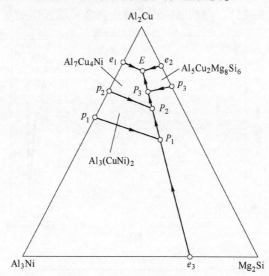

图 2-15　Al-12Si-4Cu-2Ni-0.8Mg 系合金相图的凝固过程投影

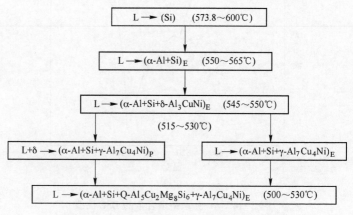

图 2-16　Al-Si 系铸造合金凝固过程流程图

图 2-17 所示为重力铸造 Al-12Si-4Cu-2Ni-0.8Mg 合金的 XRD 测试结果。从图中可以看出，除了 Al 和 Si 的衍射峰外，铸态合金主要由 Q-$Al_5Cu_2Mg_8Si_6$、γ-Al_7Cu_4Ni、δ-Al_3CuNi 和 θ-Al_2Cu 4 种相组成。θ-Al_2Cu 相的衍射峰强度较小，可能是因为合金铸态组织中 θ-Al_2Cu 相的体积分数相对较少。

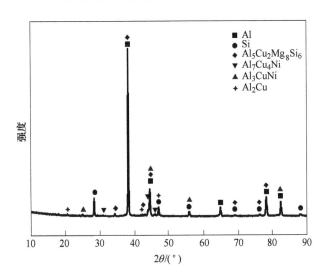

图 2-17 重力铸造 Al-12Si-4Cu-2Ni-0.8Mg 合金的 XRD 分析

图 2-18 所示为光学显微镜下铸造合金的金相组织照片。从图中可以看出，铸造合金的铸态组织由初生 α-Al 枝晶、块状初晶 Si 相、针状共晶 Si 相以及沿枝晶臂边缘分布的形状各异的第二相组成。

铸造 Al-Si 系合金成分的多元化导致了组织的复杂化，合金铸态组织中存在大量形态各异的第二相。图 2-19 所示为铸造合金的扫描电镜照片，由图可以看出，铸态组织中主要包括 α-Al 基体、黑色块状相、黑色条状相、白色针状相、灰色网状相、白色网状相以及白色球状相等。结合 XRD 测试结果：铸造合金铸态组织中黑色块状相为初晶 Si 相；黑色条状相为共晶 Si 相；γ-Al_7Cu_4Ni 相在基体中呈现白色骨骼状和白色条状两种形貌；δ-Al_3CuNi 相的形貌与 γ-Al_7Cu_4Ni 相相似，只是颜色略显灰色；θ-Al_2Cu 相呈现白色球状相。

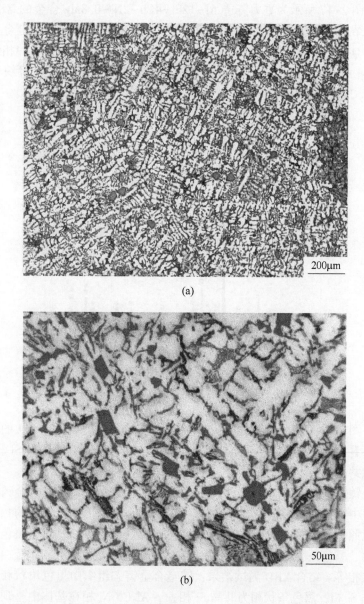

(a)

(b)

图 2-18 铸造 Al-Si 系合金的低倍 (a) 和高倍 (b) 金相组织照片

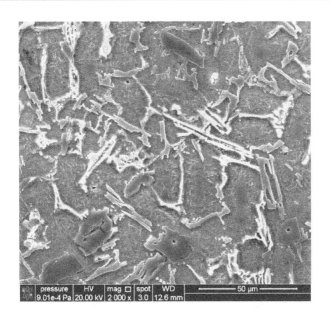

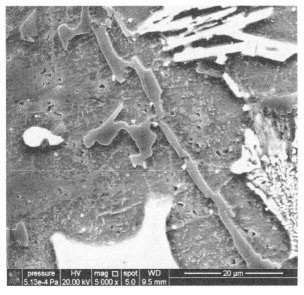

图 2-19 铸造 Al-Si 系合金的扫描电镜照片

图 2-20 和图 2-21 所示为 Al-12Si-4Cu-2Ni-0.8Mg 铸造合金在室温和高温（200℃、275℃和 350℃）下的抗拉强度和伸长率。从图

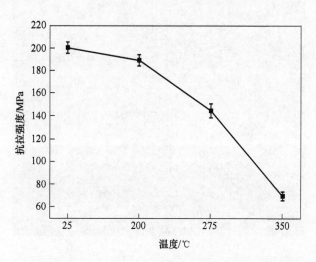

图 2-20　Al-12Si-4Cu-2Ni-0.8Mg 铸造合金抗拉强度随温度的变化趋势

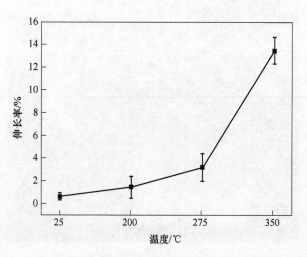

图 2-21　Al-12Si-4Cu-2Ni-0.8Mg 铸造合金伸长率随温度的变化趋势

中可以看出，随着测试温度的升高，合金的抗拉强度从室温下的200MPa逐渐下降到350℃下的70MPa，伸长率则由室温的0.7%逐渐上升到13.6%，强度和韧性呈现倒置的对应关系。这是因为随着温度的升高，热激活作用加剧了位错运动，使强度降低，而基体的软化则提高了合金的伸长率。

3　高强韧铸造铝合金

3.1　应用概况

根据测算，纯电动的新能源汽车自身质量每降低 10kg，续驶里程则可增加 2.5km。为了减少汽车燃油消耗和尾气排放，汽车行业较为发达的美国、欧洲、日本、韩国等国对汽车轻量化的发展都已经确定了明确的指标和路线。美国的汽车轻量化目标为：以 2013 年整车质量为基准，到 2020 年减重达到 20%，2025 年减重达到 30%。国外很多研究机构从多方面入手探索汽车轻量化的实现途径。汽车轻量化的主要发展要点是在车身、车轮、底盘和电池保护箱等核心部件处使用铝、镁、陶瓷、塑料、玻璃纤维或碳纤维复合材料等轻质材料。其中，铝材因其密度小、比强度和比刚度高、弹性和抗冲击性能好、耐腐蚀、耐磨、高导电、高导热、易表面着色、良好的加工成形性及高回收再生性等特点，是汽车轻量化技术的重要研究对象。铝合金在汽车上的主要应用如图 3-1 所示。

与钢铁材料相比，铝合金在汽车工业中的设备投资要小得多，正因为铝合金在轻量化和制造成本上的巨大优势，北美、欧洲等工业发达国家中汽车铝基材料的用量逐年增加，图 3-2 所示为汽车用铝基材料的应用和发展趋势，根据预测，至 2021 年，铝在整车零部件中所占比例可达 80% 以上。

随着汽车行业的腾飞，市场对于高性能铝材的需求与日俱增。我国铝合金产能走势如图 3-3 所示，自 2013 年开始，我国铝合金的产能呈现逐渐增加的趋势，虽然受环保和房地产市场政策的影响，我国铝合金相关企业的投产产能较少，到 2018 年底，我国铝合金的产能仍达到 1235 万吨，产能增速约为 3%。

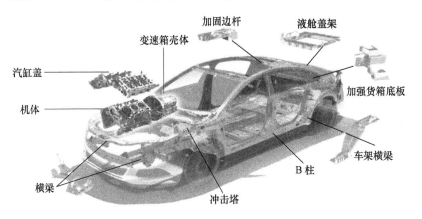

图 3-1 铝合金在汽车上的主要应用情况

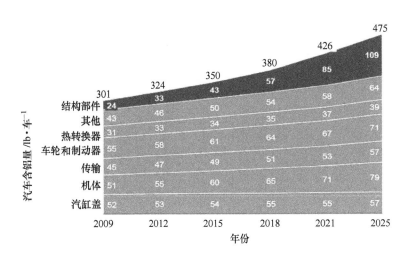

图 3-2 2009~2025 年北美及欧洲汽车含铝量发展趋势（1lb=0.4536kg）

相应地，中国铝合金产量也呈现逐年递增的趋势，图 3-4 所示为 2011~2018 年我国铝合金产量的走势图。从图中可以看出，我国铝合金产量稳健增长，从 2009 年的 242.97 万吨增至 2018 年的 796.9

万吨。铝合金在3C电子中的应用不断增多。随着铝加工企业加工工艺与技术的不断成熟，铝合金成本日益下降，产品也更轻便、环保、美观，促使各类消费电子产品外包装也在逐渐向铝合金材质转换。

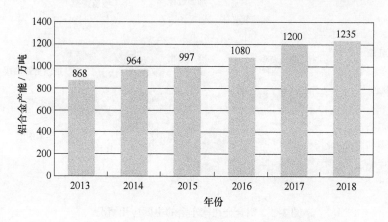

图3-3　2013~2018年中国铝合金产能走势图

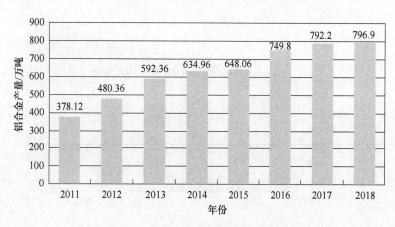

图3-4　2011~2018年中国铝合金产量走势图

目前，中国已经成为铝合金主要的出口国家，近几年，国内出口规模在50万吨左右，进口量不到10万吨。2018年我国铝合金进口量约为7.45万吨，出口量约为50.72万吨。具体情况及走势如图3-5所示。

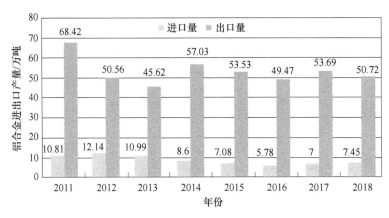

图 3-5 2011~2018 年中国铝合金进出口情况

3.2 高强韧铸造铝合金的研究现状

近年来，随着全球传统燃油汽车轻量化及新能源汽车的发展，对各类高性能铝合金的需求量呈现大幅增长的趋势。德国、美国、日本等传统汽车产业强国陆续发展出一系列采用轻质铝合金材料的燃油及新能源汽车。其中国内外代表性企业与车型有：Audi A8、Jaguar XJ、Nissan Leaf、BMW i3、Tesla Model S 等。Audi A8 车身的 93% 都是用铝合金制造的，车身的整体质量仅为 300kg，Jaguar XJ 车身的用铝量占到整体的 88%，质量为 324kg。国际品牌销量最高的 Tesla Model S 新能源汽车，在设计与制造过程中采用了铝合金车身+铝合金覆盖件+铝合金底盘的轻量化技术，另外，其后悬架下摇臂和连杆也是用铝合金制造而成。

随着矿产资源的日益短缺和环保压力的逐渐增大，我国政府、科研院所、企业及用户对新能源汽车的推广、应用和需求的热度有增无减。但我国在新能源汽车发展方面与国外还存在很大的差距，尤其是续航里程和电池功率方面。因此，汽车轻量化成为有效提升国产新能源汽车续航能力的有效手段之一。国内外新能源汽车的性能对比见表3-1。

表 3-1　国内外新能源汽车性能对比

车　型	续航里程/km	电池容量/kW·h
上汽荣威 E50	120	18
北汽 E150EV 一代	160	26
北汽 E150EV 二代	200	30
比亚迪 e6	300	61
Tesla Model S	500	85

在燃油汽车中，铝合金铸件占比较多，主要集中在缸体、缸盖等发动机部件中，约占比 61.9%。对于新能源汽车，由于其不存在发动机，因此铝铸件的占比相对较少，但仍有很大部分零部件也是用其制造而成，如车轮、底盘及悬架系统等，如图 3-6 所示。

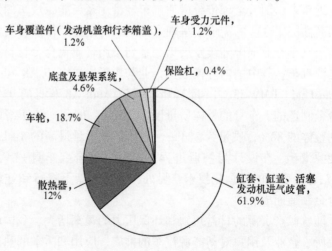

图 3-6　汽车中铝合金铸件占比情况统计

目前，新能源汽车用铝合金的研究集中在车身覆盖件、型材和部分结构件上。铝合金体系的不同导致其性能存在很大的差异，需要根据不同的应用需求进行选择。新能源汽车上常用的铝合金牌号和成分见表3-2。在车身覆盖件中，6×××系和5×××系合金用的相对较多，合金板材经过轧制、冲压等工序后可获得具有复杂曲面的覆盖件；车辆防撞梁、纵梁等型材部件采用7×××系合金经挤压和弯曲以后成形。然而，这些变形件在成形后仅利用烤漆过程中的热环境进行热处理，性能不稳定。

表3-2 新能源汽车用典型铝合金牌号及成分（质量分数）（%）

合金	化 学 成 分							
	Si	Fe	Cu	Mn	Mg	Cr	Zn	Ti
5182	0.25	0.35	0.15	0.2~0.5	4.0~5.0	0.10	0.25	0.10
6016	1.0~1.5	0.50	0.20	0.20	0.25~0.6	0.10	0.20	0.15
7050	0.12	0.15	2.0~2.6	0.1	1.9~2.6	0.04	5.7~6.7	0.06
ADC3	9.0~10.0	0.9	0.6	0.3	0.45~0.6	—	0.5	0.3

在新能源汽车底盘轻量化的同时，还需要考虑底盘整体的结构强度使其能承载大质量的电池与电机等装置，因此部件的集成化和一体化必不可少，另外还应该减少连接位置，保证部件的高强度和高韧性。新能源汽车的电池托盘如图3-7所示，目前绝大部分的托盘都是采用铝型材制造而成，大部分新能源汽车的底盘部件之间均采用焊接连接，整体的结构强度较低，但若一次塑性成形，对设备的要求又较高且工艺十分复杂，导致成本较高。采用铸造的方法进行成形加工，可以大幅缩减制造流程，因此寻找合适的铸造短流程加工技术，是新能源汽车底盘零部件整体成形急需解决的关键技术问题。

图 3-7　新能源汽车电池托盘

作为所有汽车必不可少的部件，车轮的轻量化对汽车惯性质量的降低作用显著。车轮承受着车辆的垂直负荷、横向力、驱动（制动）扭矩和行驶过程中所产生的各种载荷。车轮的典型特征是做高速回转运动，要求尺寸精度高、不平衡度小、外形准确、质量轻并有一定的刚度、弹性和耐疲劳性。长期以来，钢制车轮在汽车车轮中占主导地位，随着技术的进步，汽车各项性能指标的提高，世界各国政府对节能、安全、环保的要求日趋严格，采用铝合金生产车轮就成为最佳选择。国外从 20 世纪 20 年代开始生产汽车铝车轮，我国比国外要晚60~70 年。今天，汽车铝车轮以其美观、节能、散热好、质量轻、耐腐蚀、加工性能好等优势，正在逐步替代钢车轮。世界上铝合金车轮的生产集中度很高，主要分布在北美（包括墨西哥）、欧洲、日本、韩国。从规模和产量排序，名列前茅的厂家有：Heyes Lemmerz（海斯/莱莫斯，美国）、Superior（超级工业国际公司，美国）、Topy（托皮公司，日本）、Alcoa（美国铝业/雷诺兹公司，美国）、CMC/CLA（中央制造/中央轻金属公司，日本）、Amcast（美国铸造）、Accuride（阿克拉德，美国）、Enkei（日本远轻）、AR（美国竞赛设备公司）、UBE（日本宇部兴产）、AAP（日本日立金属）、Ronal（德国罗那公司）、Yuan Feng（中国台湾元恒工业）、韩国都瑞与东和等，这些公司中，规模大的年产超过 1000 万件，如 2001 年美国超级国际公司（Superior）仅对 OEM 的供货量就达到了 1632 万件，Hayes（海斯公司）达到 637 万件（它曾是世界车轮生产业的龙头企业，1999 年销售额超过 20 亿美元，近年由于经营不善，申请破产保护，市场份额急剧下降）。其他规模稍小的，也至少在百万件以上。

2010 年以来，全球铝车轮产量在中国等汽车产销大国的推动下呈逐年增长的趋势。2012 年，全球铝车轮产量为 2.56 亿只，比 2011 年的 2.25 亿增加了 13.78%，为近年最大增速；2017 年全球汽车铝车轮产量约为 3.44 亿只，同比增长 5.28%；2018 年全球汽车铝车轮产量已达 3.64 亿只。2010～2018 年全球铝合金车轮产量趋势如图 3-8 所示。

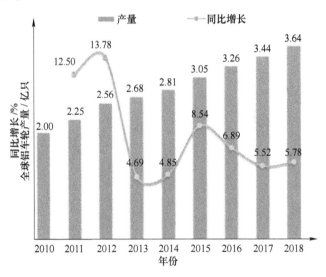

图 3-8 2010～2018 年全球铝车轮产量趋势

国外铝合金车轮制造业在 20 世纪 70 年代得到迅速发展。如北美轻型车的铝车轮，1987 年只占 19%，到 2001 年已占到 58.5%；日本轿车装车率超过 45%；欧洲超过 50%。截至 2017 年，全球铝合金车轮的装车率总体超过 60%，根据中国汽车工业协会车轮委员会的测算，我国乘用车铝合金车轮的装车率在 2017 年为 70% 左右。铝合金车轮具有明显的减重效果，具体见表 3-3。

表 3-3　铝合金车轮的减重效果

车种	车轮规格/in	铝车轮重/kg	钢车轮重/kg	减重效果/kg	1辆车减重效果/kg
4轮轿车及客车	5-1/2JJ×14	5~8	7~9	2~3	8~12
8轮中型汽车	6.0GS×16	11.5	17	5.5	33
10轮大卡车	7.5V×20	24.5	37	12.5	125
	7.5T×20	24.5	34	10.0	100
	8.25×22.5	24.5	43	17.5	175
	7.5×22.5	23.5	42	18.5	185

注：1in=2.54cm。

2011~2014年间，全球铝合金车轮产量从2.25亿只增长到2.81亿只，复合增长率为9.33%。虽然目前全球汽车产销增长速度有所放缓，但全球汽车保有量仍在逐年上升，因此车轮的需求量也是呈逐年上升的趋势。

铝合金车轮的主要生产方法是低压铸造和旋压成形，重力铸造已逐渐淘汰。锻造车轮由于较高的成本，目前在高端车型上有所应用。铝合金车轮生产的发展趋势是向薄壁化、刚性优良的压力铸造、挤压铸造法转移；用铝板进行冲压加工、旋压加工做成整体车轮和两部分组合车轮。实际铝合金车轮的照片如图3-9所示。

日本铝车轮生产企业为适应汽车轻量化的要求，提出了生产厚度更薄、形状更复杂、质量更轻及安全性更高的铝车轮的目标，并开发出惰性气体的低压铸造技术"HIPAC-1"用于铝车轮的生产，这种车轮比钢质车轮质量降低了约30%。鲍许公司用铝板（Al-MgSi$_1$F$_{31}$）制造了分离车轮，比铸造车轮轻25%，成本也减少25%。美国森特莱因·图尔公司用分离旋压法试制出仅4.3kg重的6061整体板材车轮，每个车轮的生产时间不到90s，不需组装即可使用，且强度高、经济性好，适于大批量生产，应用前景广阔。

图 3-9 铝合金车轮的照片

随着我国汽车市场的快速发展，铝合金车轮的制造和应用也迅猛发展起来。1988 年，我国第一家铝合金车轮企业戴卡铝车轮制造有限公司在河北省秦皇岛市成立。进入 20 世纪 90 年代，广东南海中南铝等一批铝合金车轮制造企业迅速建立起来，铝合金车轮迅速在我国得到推广。至 2003 年，我国铝合金车轮汽车装车率已超过 50%，摩托车装车率已超过 55%。由于汽车制造业快速发展，我国的汽车铝车轮行业出现强劲的增长势头。目前我国已成为全球汽车铝车轮制造中心，产品销往世界各地。根据统计，2018 年，中国汽车铝车轮共计出口到 173 个国家和地区，出口量累计达 99.41 万吨，出口金额总计 47.38 亿美元。2013~2018 年中国铝合金车轮出口情况如图 3-10 所示。

关于国内铝合金车轮的生产，目前主要有以下几种成形工艺：

（1）低压铸造。低压铸造工艺是我国铝合金车轮制造业所使用的主流工艺，在我国，90% 以上的铝车轮都是采用此工艺制备生产。低压铸造铝合金车轮主要销往整车配套市场和海外零售市场。低压铸造工艺的优点是设备成本适中、生产效率高、材料利用率较高、适合少人化或者无人化管理。铝合金车轮的低压铸造设备照片如图 3-11 所示。

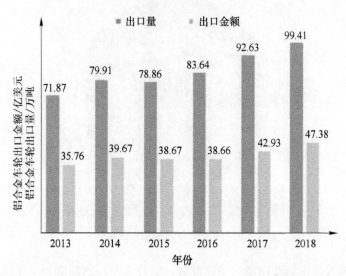

图 3-10　2013~2018 年中国铝合金车轮出口情况

图 3-11　铝合金车轮低压铸造设备

（2）重力铸造。重力铸造是最为传统的铝合金车轮生产工艺。目前国内有不到 20% 的企业还保留这种生产工艺，产品主要对象是国内和海外的零售市场。这种工艺的优点是设备造价低、模具便宜；缺点是金属利用率低、生产效率低、性价比低。重力铸造在铝合金车轮制造行业有逐渐被边缘化的趋势。

（3）锻造。锻造铝合金车轮主要用在高端车型上，属于比较高端的成形工艺。目前国内约 10% 的企业采用这种工艺生产铝合金车轮，产品的主要对象是国内外的大巴、货车和高端轿车市场。这种工艺的优点是产品内在质量好、产品强度高、质量轻；缺点是设备造价高、产品成本高。

（4）铸造+旋压。铝合金车轮的铸造+旋压工艺可分为低压铸造+旋压和重力铸造+旋压两种方法，采用这种制造工艺制造出来的车轮具有安全性能好、质量轻、综合性能优越的特点，目前世界上使用最多的铸造+旋压生产工艺是低压铸造+旋压生产，旋压设备的照片如图 3-12 所示。

图 3-12　铝合金车轮旋压生产设备

（5）液态模锻。液态模锻也叫挤压铸造，根据金属状态的不同，可以分为液态金属挤压铸造和半固体金属挤压铸造两种。目前国内只有少数的企业采用这种工艺进行铝合金车轮的生产。与锻造工艺相比较，液态模锻的优点是制造工序少、工艺成本低、设备投资少、轮辋可以直接成形。液态模锻产品机械性能接近固态锻造水平，产品性价比高，市场前景广阔。

高强韧铸造铝合金根据合金体系的不同，可分为 Al-Si 系、Al-Cu 系、Al-Mg 系和 Al-Zn 系等四大类。下面对其进行逐一叙述。

Al-Si 系高强韧铸造合金的铸造性能非常优异，但其强韧性较差。目前铝合金车轮采用得最多的就是 Al-Si 系合金，典型牌号如 A356、356.2 等，也有用 6061（Al-Mg-Si 系）合金制作车轮。在 Al-Si 系合金中加入少量的 Mg 形成 Al-Si-Mg 系合金，这种合金在固溶时效后析出 Mg_2Si 相，有助于提高合金的力学性能。如果在 Al-Si-Mg 系合金中加入少量的 Cu，则形成 Al-Si-Mg-Cu 系合金，这种合金在固溶时效后和析出 Mg_2Si 相的同时，还会析出 Al_2Cu 相，合金的力学性能会得到进一步的提高。

Al-Cu 系高强韧铸造合金的力学性能优异，但是合金的结晶温度范围宽，导致其热裂倾向严重，铸造性能较差。目前 Al-Cu 系高强韧铸造合金主要用在航空航天领域，典型的牌号有 A-U5GT、ZL205A 等。在 Al-Cu 系铸造铝合金的发展过程中，A-U5GT 占有重要的地位，法国人于 20 世纪初研发出这个牌号合金，是历史最为悠久的 Al-Cu 系高强韧铸造合金，应用也最为广泛。A-U5GT 合金具有优异的力学性能，已列入法国国家标准和法国宇航标准。在 A-U5GT 合金的基础上，美国人改进形成了 201.0（1968 年）、204.0（1974 年）和 206.0（1976 年）合金，受到了美国专利的保护。但 204.0 合金中含有 0.4%~1.0% 的 Ag，所以材料的制造成本较高，仅在军方或国防领域得到应用，限制了其民用。我国在 Al-Cu 系合金的研究方面也取得过瞩目的成就，在 20 世纪 60~70 年代研制出 ZL205A 合金，该合金以 Al-Cu-Mn 系合金为基础，加入微量的 Ti、B 等元素，在保证高强度的同时也具备较好的韧性。ZL205A（T6 态）合金的抗拉强度可达 510MPa，伸长率在 T5 状态下可达 13%，是目前世界上强度最高的铸造铝合金。

Al-Mg 系铸造合金，具有高的耐蚀性、优异的强韧性、良好的加工性能和表面光洁度等优点。该系合金属于非热处理强化合金，但该系合金可进行固溶处理获得固溶强化的效果。在 Al-Mg 系铸造合金中，主要合金元素 Mg 能起到固溶强化的作用，Mg 含量越高，固溶强化效果越显著。镁的加入量（质量分数）一般为 4%～12% 之间，如 ZL301 合金。在合金中加入 Mn，一方面可以起到固溶强化的作用，提高合金的耐蚀性和塑性；另一方面能降低 Fe 元素的有害作用。此外，在 Al-Mg 系铸造合金中加入少量的 Sc、Zr 和 Er，可以细化合金组织，提高力学性能。

Al-Zn 系铸造合金具有明显的析出强化特点。Al-Zn 系合金中元素含量较高，结晶温度范围较宽，也容易出现热裂，铸造性能较差。目前，对于 Al-Zn 系铸造合金，主要采用挤压铸造和压铸成形技术，学者们针对挤压铸造和压铸工艺参数对合金组织和性能的影响进行了大量的研究。在 Al-Zn 系合金中，Al-Zn-Mg-Cu 系合金具有非常优异的力学性能，该系合金的研究主要经历了高强低韧→高强耐蚀→高强高韧耐蚀→超强高韧耐蚀 4 个发展阶段，在 Al-Zn-Mg-Cu 系铝合金的研究中热处理研究和合金化探索起了关键性作用。目前，Al-Zn-Mg-Cu 系铝合金的研究主要集中在以下几方面：提高主合金元素含量；降低杂质含量；加入微量 Cr、Mn、Zr 元素；发展多级时效热处理工艺，通过调控晶界析出相的大小和分布，达到提高合金的强韧性和耐蚀性的目的。

各合金体系典型的高强韧铸造铝合金的成分及力学性能分别见表 3-4 和表 3-5。

表3-4　典型高强韧铸造铝合金的牌号及成分

质量分数/%

合金	Si	Cu	Mn	Mg	Cd	V	Ti	Fe	其他
ZL107A	6.5~7.45	3.5~4.5	—	0.1~0.2	0.1~0.2	—	0.1~0.2	—	B: 0.01~0.05 Be: 0.04~0.1
ZL201A	≤0.3	4.8~5.3	0.6~1.0	—	—	—	0.15~1.35	≤0.15	—
ZL205A	≤0.6	4.8~5.3	0.3~0.5	—	0.15~0.25	0.05~0.3	0.15~0.35	≤0.15	B: 0.005~0.06 Zr: 0.05~0.2
Hi-tough 205A	—	4.6~5.3	0.3~0.5	—	—	0.1~0.25	0.05~0.25	—	B: 0.05~0.1 Zr: 0.05~0.25
A-U5GT	≤0.02	4.2~4.5	—	0.15~0.35	—	—	0.05~0.30	≤0.35	—
206.0	≤0.01	4.2~4.5	0.2~0.5	0.15~0.35	—	—	0.15~0.35	≤0.35	—
KO-1	≤0.01	4.0~5.2	0.2~0.5	0.15~0.55	—	—	0.15~0.35	≤0.15	Ag: 0.4~1.0
ZL301	—	—	—	9.5~11.0	—	—	—	—	—

注: 剩余为铝的含量。

表 3-5 典型高强韧铸造铝合金的力学性能

合金	铸造方法	热处理	抗拉强度 /MPa	屈服强度 /MPa	伸长率 /%	HB
ZL201A	S[①]	T4	365~370	—	17~19	100
	S	T5	440~470	255~305	8~15	120
ZL205A	S	T5	480	345	13	120
	S	T6	510	430	7	140
Hi-tough 205A	J[①]	T5	385~405	222~242	19~23	—
206.0[②]	S	T7	435	345	11.7	90
KO-1	S	T6	460	380	5.0	135
	J	T6	460	365	9.0	—
	R[①]	T6	358~450	340~380	4.0~7.0	—
ZL107A	J	T5	420~470	325~390	4.0~6.0	—

① J—金属型铸造；S—沙型铸造；R—消失模铸造。
② 数据来自高纯的 206.0 合金。Si 的（质量分数）低于 0.05%，Fe 的（质量分数）低于 0.10%。

3.3 典型高强韧铸造铝合金铸态组织及性能

目前在高强韧铸造铝合金的研究中，力学性能最好的莫过于 Al-Zn-Mg-Cu 系合金，因此，本节对铸态 Al-Zn-Mg-Cu 系合金的微观组织和力学性能进行了表征和测试，主要阐述 Al-Zn-Mg-Cu 系合金中主要元素 Zn 含量的不同所造成的影响。

本节涉及的 Al-Zn-Mg-Cu 系合金的主要成分及变量见表3-6。

表 3-6 Al-Zn-Mg-Cu 系合金的主要成分及变量

合金	质量分数/%			
	Zn	Mg	Cu	Al
Al-4.4Zn	<4.51	<2.35	<1.80	余量
Al-5.1Zn	<5.22	<2.11	<1.78	余量
Al-5.8Zn	<5.85	<2.21	<1.74	余量
Al-6.5Zn	<6.43	<2.23	<1.81	余量
Al-7.2Zn	<7.31	<2.18	<1.69	余量

通过改变合金体系中 Zn 元素的含量，调整 Zn 和 Mg 元素的比值，研究 Zn/Mg 对合金组织和力学性能的影响。

利用 JmatPro 软件模拟不同 Zn 含量时的 Al-Zn-Mg-Cu 系合金在平衡凝固过程中的温度变化、析出相质量分数的改变，模拟结果如图 3-13 所示。根据文献调研，平衡凝固条件下的 Al-Zn-Mg-Cu 系铸造合金冷却后在 α-Al 基体中主要可能出现 η-MgZn$_2$、T-AlZnMgCu 和 S-Al$_2$CuMg 等 3 种金属间化合物。图 3-13（a）是不同 Zn 含量的 Al-Zn-Mg-Cu 系合金凝固温度变化模拟结果，图 3-13（b）是 Zn 质量分数为 5.8% 时 Al-Zn-Mg-Cu 系合金的凝固路径。从图中可以看出，随着合金中 Zn 含量的增加，合金的开始凝固温度从 637℃ 逐渐降低至 632℃，但凝固结束温度仅相差 1℃，变化并不明显。这是因为 Zn 含量较高时，合金的固/液界面前沿的液相过冷度也相应较大，使其凝固温度下降。此外，合金在凝固即将结束时，合金中固相的质量分数急剧增加，并伴有相变的出现。

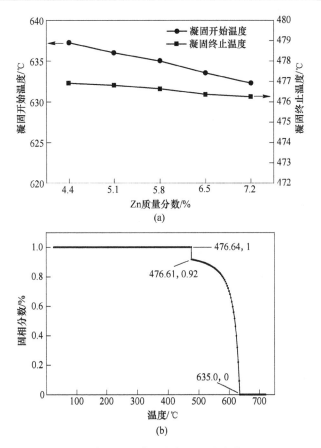

图 3-13 不同 Zn 含量合金的凝固温度变化图 (a) 和
Zn 质量分数为 5.8% 的合金凝固路径图 (b)

同样采用软件对不同 Zn 含量的 Al-Zn-Mg-Cu 系合金中主要的金属间化合物 $MgZn_2$ 相的体积分数进行计算，结果如图 3-14 所示。从图中可以看出，随着合金中 Zn 质量分数的增加（由 4.4% 增加至 7.2%），基体中 $MgZn_2$ 相的体积分数也随之增加（由 2.57% 增加至 5.54%），说明合金中主要元素的含量对强化相影响非常显著。当 Zn 含量相对较低时，随着 Zn 含量的增加，$MgZn_2$ 相的体积分数增加速度较快；当 Zn 含量相对较高时，随着 Zn 含量的增加，$MgZn_2$ 相的体积分数增加速度变缓。

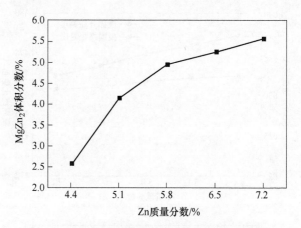

图 3-14　平衡凝固条件下 Al-Zn-Mg-Cu 系合金
$MgZn_2$ 相体积分数与 Zn 含量关系

　　不同 Zn 含量的 Al-Zn-Mg-Cu 系合金金相组织照片如图 3-15 所示。从图中可以看出，Al-Zn-Mg-Cu 系合金的铸态组织为典型的树枝晶组织，其中白色的区域是 α-Al 基体，黑色区域可能为共晶组织，其形貌呈网状结构。α-Al 基体的枝晶间距和共晶组织体积分数随着 Zn 含量的增加而逐渐增加。另外，从放大后的金相照片可以看出，α-Al 基体与金属间化合物的边缘部位由于 Zn 含量的差异也存在明显的不同。当 Zn 含量较低时，边缘处的黑色共晶组织是层片状的黑白相，并且该共晶组织呈网络状分布；当 Zn 含量较高时，黑色共晶组织的体积分数增加，边缘处逐渐变得狭窄，出现棒状组织结构。

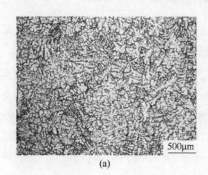

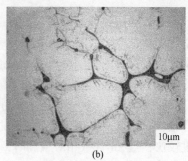

(a)　　　　　　　　　　　　　　　(b)

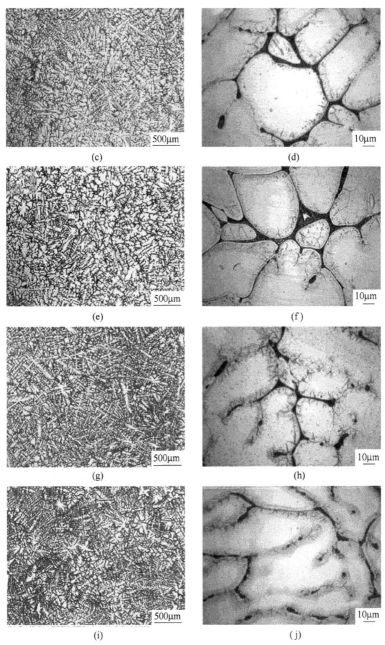

图 3-15 不同 Zn 含量的 Al-Zn-Mg-Cu 系合金金相组织照片

采用定量金相分析软件对 Al-Zn-Mg-Cu 系合金的二次枝晶间距进行统计，结果如图 3-16 所示。从图中可以看出，随着 Zn 含量的增加，二次枝晶间距呈现先增加后下降的趋势，当 Zn 质量分数为 5.8%时，二次枝晶间距达到最大值 27.66μm。此时树枝晶的形貌比较明显，α-Al 基体由相对粗大的初生枝晶和逐渐变得细小且致密的次生枝晶臂构成。当 Zn 质量分数增加至 7.2%时，树枝晶更加发达，同时二次枝晶间距较小。

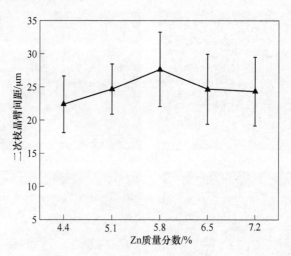

图 3-16　不同 Zn 含量合金的二次枝晶臂间距（SDAS）统计图

根据 Al-Zn 相图，当液态金属冷却时，一旦熔体温度降至液相线以下，会发生匀晶反应，即 L→α-Al。此时 α-Al 基体的形核核心在溶液中形成。随着温度的降低，α-Al 基体出现固相组织，液相中的原子逐渐沉积到固相组织表面，使固相界面不断向液相中推进，推进的速度随着温度的降低而持续增加，最终形成树枝晶状组织。α-Al 固相在推进过程中会改变剩余液相的化学成分，使 Zn、Mg 和 Cu 等原子在剩余液相中富集，进而产生浓度梯度，溶质发生再分配。当 Al-Zn-Mg-Cu 系合金的 Zn 质量分数为 5.8%时，Zn 和 Mg 会形成大量的 $MgZn_2$ 相，降低固液界面前沿的成分梯度，减缓固相的推进速度，此时二次枝晶间距最大，树枝晶数量减少。当 Zn 质量分数在 5.8% 以上时，过量的溶质原子大量富集，增大固液界面前沿的成分梯度，增加固相的推进速度，导致出现大量的树枝晶并且二次枝晶间距降低。

从前面的金相图中已经看到 α-Al 基体与黑色共晶组织边缘存在很多呈颗粒状和针状形式的第二相。对这个区域进行放大，Zn 质量分数在 5.8% 时的微观组织如图 3-17 所示。对此区域存在的金属间化合物进行 EDS 分析，EDS 点扫描的测试结果见表 3-7。从 SEM 照片和 EDS 测试结果可以发现，边缘处存在的物相主要有 α-Al 基体、α-Al+Al$_2$Cu 的共晶组织、MgZn$_2$ 相以及 T-AlZnMgCu 相。并且 Cu 元素相较于 Zn 和 Mg 存在偏聚现象，表面 Cu 在凝固过程中更偏向于进入剩余液相中，Zn 和 Mg 则固溶于 α-Al 基体中。一旦剩余液相的温度降至 θ-Al$_2$Cu 相的共晶反应温度，这些剩余液相中就会出现 L→α-Al+Al$_2$Cu 的共晶反应。但温度继续降低时，剩余液相中还会出现 T-AlZnMgCu 四元相的共晶反应，析出四元相。由于此时液相中已经有大量的 θ-Al$_2$Cu 相，所以 T-AlZnMgCu 四元相会以 θ-Al$_2$Cu 相为形核核心进行形核并长大，最终形成两相结构。

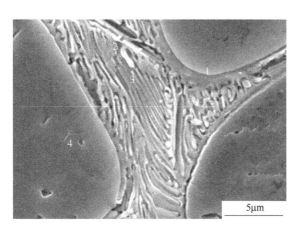

图 3-17　Zn 质量分数 5.8% 合金的 SEM 图

表 3-7　图 3-17 中各点的 EDS 点扫描测试的结果数据

序号	摩尔分数/%				相
	Al	Zn	Mg	Cu	
1	70.60	0.88	1.63	26.89	Al_2Cu
2	25.01	26.02	32.37	16.60	T-AlZnMgCu
3	62.84	0.61	1.23	35.32	Al_2Cu
4	94.44	3.61	1.66	0.29	$MgZn_2$

　　对不同 Zn 含量的 Al-Zn-Mg-Cu 系合金进行 XRD 测试，其结果如图 3-18 所示。从图中可以看出，合金中的主要物相是 α-Al、Al_2Cu 相和 $MgZn_2$ 相。由于 T-AlZnMgCu 四元相与 $MgZn_2$ 相的晶体结构一致，所以扫描电镜中发现的 T-AlZnMgCu 四元相在 XRD 图谱中与 $MgZn_2$ 相部分重叠。在合金凝固时，Cu 和 Al 原子会替换 $MgZn_2$ 相

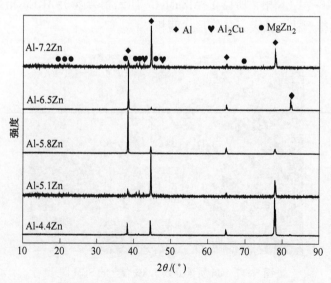

图 3-18　不同 Zn 含量的 Al-Zn-Mg-Cu 系合金 XRD 图谱

中的 Zn，而形成 Mg（Zn，Cu，Al）$_2$ 相。由于 Zn 与 Cu 和 Al 的原子半径差异较小，因此置换时产生的晶格畸变较小，所以 XRD 谱图中 MgZn$_2$ 衍射峰的位置没有发生改变，而是略微增加了衍射峰的宽度。

对不同 Zn 含量的 Al-Zn-Mg-Cu 系合金进行硬度测试，测试结果如图 3-19 所示。从图中可以看出，当 Zn 质量分数从 4.4%逐渐增大到 5.8%时，合金的布氏硬度呈下降趋势，这是因为 Zn 含量在这个区间时的二次枝晶间距逐渐增大，α-Al 基体的面积也在增加，材料局部出现软化导致的。而当 Zn 质量分数高于 5.8%时，二次枝晶间距下降，α-Al 基体被共晶组织分割细化，导致硬度呈现增加的趋势。

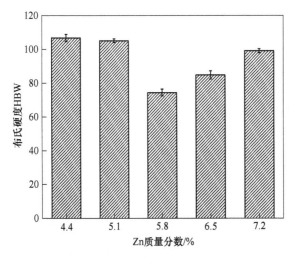

图 3-19 不同 Zn 含量的 Al-Zn-Mg-Cu 系硬度变化趋势

在相同条件下对不同 Zn 含量的 Al-Zn-Cu-Mg 系合金进行力学性能测试，测试得到抗拉强度、屈服强度和伸长率，变化曲线如图 3-20 所示。当合金中 Zn 质量分数从 4.4%增加到 7.2%时，合金抗拉强度从 212MPa 增加到 248MPa，提高了 16.9%，屈服强度没发生明显的变化，但是伸长率呈现先急速增加后略微下降的趋势，尽管如此，Zn 质量分数为 7.2%时的伸长率仍比 Zn 质量分数为 4.4%时的增加了 23.6%。

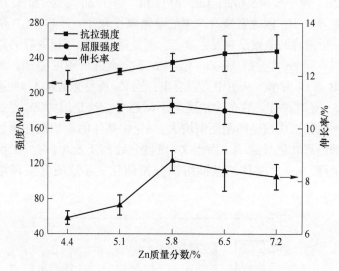

图 3-20 不同 Zn 含量的 Al-Zn-Mg-Cu 系合金力学性能变化趋势

　　对不同 Zn 含量的 Al-Zn-Cu-Mg 系合金的拉伸断口形貌进行表征，如图 3-21 所示。从宏观断口形貌可以看出，断口呈现典型的韧性断裂形式，并且断裂后的试样也出现了颈缩，表明 Al-Zn-Cu-Mg 系合金的断裂方式为韧性断裂。

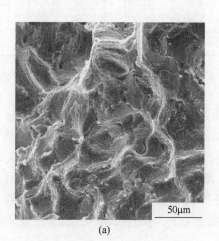

(a)

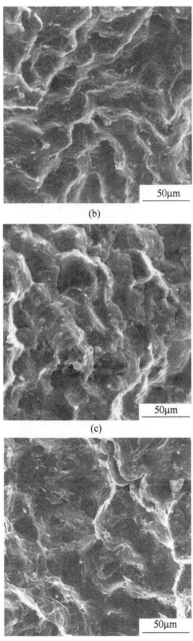

(b)

(c)

(d)

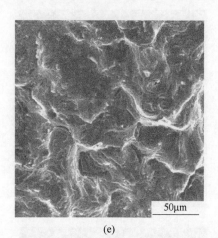

(e)

图 3-21　不同 Zn 含量 Al-Zn-Mg-Cu 系合金的断口形貌

　　虽然 Al-Zn-Cu-Mg 系合金的断裂方式为韧性断裂，但其断口形貌中存在不同形式的韧窝，而韧窝是韧性断裂的主要表现形式之一。随着合金中 Zn 含量的增加，合金断口中的韧窝数量逐渐降低，并且深度也在逐渐下降。当 Zn 质量分数由 4.4% 增加到 5.8% 时，韧窝内壁逐渐出现相对平坦的平面，顶部撕裂棱的数量也在不断增加。当 Zn 质量分数高于 5.8% 时，合金的断口形貌中撕裂棱的数量基本保持不变。

4 耐蚀铸造铝合金

4.1 概　　述

　　耐蚀铝合金是铝合金的重要组成部分，适用于制备须在腐蚀性环境下长时间使用的构件。采用合金化的方法可以在提高合金强度的同时增加其耐蚀性。根据成形方式的不同，耐蚀铝合金主要可分为耐蚀铸造铝合金和耐蚀锻造铝合金两种。耐蚀锻造铝合金常用来生产板材和管材等，耐蚀铸造铝合金则是以铸造的形式生产所需的铸件。

　　铝合金的主要腐蚀形式包括点蚀、晶间腐蚀和剥落腐蚀等。一般来说，由于铝合金基体和晶界间的电位差较大，电化学性能迥异，导致铝合金的腐蚀基本是沿晶界扩展的。下面对铝合金的主要腐蚀形式进行逐一阐述。

　　（1）点蚀。点蚀又称孔蚀，是一种集中在金属表面很小的范围内，并深入到金属内部的腐蚀形态。在腐蚀环境中，绝大多数的铝合金表面在没有出现腐蚀的前提下，会在局部区域突然出现细微孔穴或者麻点，随着时间的延长，孔穴或麻点逐渐向金属内部发展，最终形成腐蚀坑。铝合金出现点蚀后的照片如图4-1所示。

　　通常情况下，将铝合金置于氯化钠溶液中容易出现点蚀。随着时间的延长，点蚀可以逐渐发展为晶间腐蚀和剥落腐蚀，点蚀是其他腐蚀的最初表现形式。一般点蚀的发展可分为以下4种阶段：

　　1）萌生于钝化膜表面或者钝化膜与固溶体的边缘位置；

　　2）在钝化膜内部萌生点蚀，但微观变化不明显；

　　3）出现所谓的亚稳点蚀阶段，在临界点蚀电位以下，亚稳点蚀

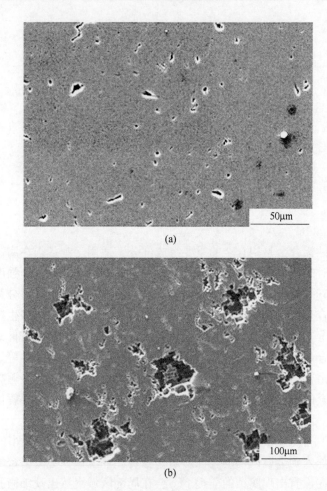

图 4-1　铝合金点蚀形貌

在短时间内萌生并扩展，或者再钝化；

　　4）到达点蚀扩展阶段，即处于临界点蚀电位以上。

　　一般来说，铝合金中存在大量的金属间化合物，这些金属间化合物与铝基体的电化学势存在较大的差异，因此铝合金很容易出现点蚀。采用对点蚀抗性高的合金对铝合金进行表面处理，适当控制基体中的析出相等都能在一定程度上预防点蚀的出现。

（2）晶间腐蚀。晶间腐蚀属于局部腐蚀，是铝合金在腐蚀介质中出现沿着晶粒间的分界面向内部扩展的腐蚀。一般来说，铝合金晶粒表面和内部会存在化学成分的不同，并且晶界处更容易存在杂质或内应力，导致较易出现晶间腐蚀。晶间腐蚀会破坏晶粒间的结合，显著降低材料的力学性能。晶间腐蚀一般发生在材料的内部，单纯从表面上看不出腐蚀破坏的迹象，因此，这种腐蚀非常危险。铝合金晶间腐蚀的微观形貌如图 4-2 所示。

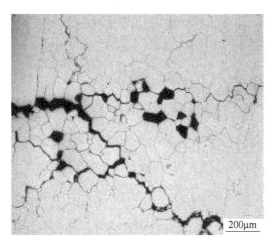

图 4-2　铝合金晶间腐蚀的微观形貌

关于晶间腐蚀，目前主要有 3 种理论对其进行解释：

1）晶粒与晶界处的腐蚀电位存在较大的差异形成微电池，导致出现晶间腐蚀；

2）晶粒内部与晶界产生击穿电位差异，导致出现晶间腐蚀；

3）晶界处析出的金属间化合物出现溶解，形成了闭塞区环境，导致出现了连续的晶间腐蚀。

类似于点蚀，晶间腐蚀的发展阶段也有以下几种情况：

1）晶界周围出现局部电偶腐蚀，形成闭塞区；

2）闭塞区中的 pH 值下降；

3）闭塞区附近的亚晶界出现选择性溶解；

4）出现连续的晶间腐蚀。

（3）剥落腐蚀。含 Cu、Mg、Si 和 Zn 等元素的铝合金对剥落腐蚀的敏感性较高。铝合金的剥落腐蚀是主要的局部腐蚀之一，对材料的强度、韧性、疲劳等性能都会造成极大的损害，使铝合金构件的使用寿命显著降低。典型的铝合金剥落腐蚀形貌如图 4-3 所示。

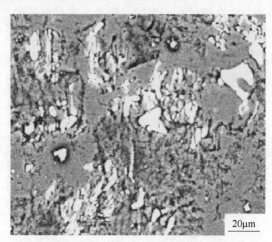

图 4-3　铝合金剥落腐蚀的典型形貌

国内外对铝合金的剥落腐蚀机理开展了大量的研究工作，研究结果表明，铝合金发生剥落腐蚀的前提条件是要有高度定向的纤维组织以及合适的腐蚀介质。在满足这个前提条件以后，被拉长的晶粒和晶界电偶腐蚀形成腐蚀通道。腐蚀产物产生的外推力会严重影响剥落腐蚀的产生。铝合金的剥落腐蚀遵从应力腐蚀机理，即腐蚀产物楔入力在裂纹尖端产生拉应力集中，使腐蚀以应力腐蚀开裂（SCC）机理扩展。只要腐蚀尖端的拉应力存在，剥落腐蚀就会一直发展下去。但是，关于 SCC 机理尚无一个统一的理论，以往提出的机理理论之间的关系如图 4-4 所示，其中，氢脆理论和阳极溶解假说得到较为广泛的认同。

虽然 SCC 的机理有诸多描述，但是影响剥落腐蚀的主要原因是公认的，具体如下：

1）固溶体贫化和溶质偏聚导致了电位差的不同；

2）晶界构成（如晶界析出相、晶界无析出区等）的粗化或宽化；

3）较为粗大的晶粒尺寸；

4）合金元素导致的微观组织的变化；

5）热处理工艺；

6）铝合金表面氧化膜（或钝化膜）的不稳定。

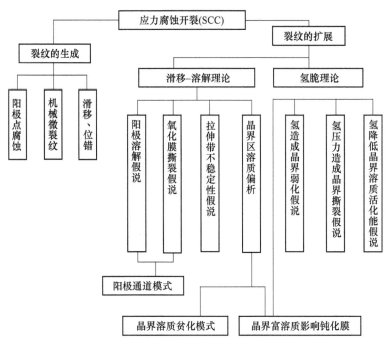

图 4-4　SCC 各机理之间的关系

4.2　耐蚀铸造铝合金的研究现状

在国内，耐蚀铸造铝合金的牌号主要是 ZL3××系合金。传统的 ZL301 合金是依靠其中质量分数约为 10% 的 Mg 来保证抗腐蚀性能。然而，过高的 Mg 含量会使结晶温度范围变宽，出现热裂，降低合金的铸造性能。另外，合金在熔炼时的氧化、夹杂倾向也会随之增加。

在 ZL301 的基础上，通过降低合金中的 Mg 含量成功开发出改进型的 ZL305 合金。ZL305 合金的 Mg 含量降至 7.5%~9.0%，并在其中加入 Zn、Be、Ti 等微合金化元素，但 ZL305 合金的含 Mg 量依然很高，铸造性能仍不尽如人意。因此，随后开发出了中 Si 低 Mg 的 ZL115 合金以及低 Si 低 Mg 的 Al-Mg-Si 系合金。典型的耐蚀铸造铝合金的成分见表 4-1。

表 4-1　典型的耐蚀铸造铝合金的化学成分（质量分数）　（%）

名　称	合　金　元　素						
	Mg	Si	Mn	Zn	Ti	Be	其他
ZL301	9.5~11.0	≤0.3	—	—	≤0.07	—	—
ZL303	4.5~5.5	0.8~1.3	0.1~0.4				
ZL305	7.5~9.0	—		1.0~1.5	0.1~0.2	0.03~0.1	—
ZL115	0.4~0.65	4.8~6.2		1.2~1.8			0.2Sb
Al-Mg2-Si3 合金	1.2~2.4	1.5~3.2	0.3~0.8	—	0.05	—	0.16Cr

近年来，国内外的众多学者广泛研究了 5××× 系合金以及部分压铸铝合金的腐蚀行为。R. Jones 和 G. R. Argade 等人研究了 Al-6.8%Mg、5052 和 5083 合金在 NaCl 环境中的应力腐蚀倾向和腐蚀机理，结果表明导致合金发生应力腐蚀的直接原因主要是沿晶界分布的 β-Al_3Mg_2 相在腐蚀环境下发生阳极氧化反应，反应产生的氢元素导致金属脆化，Mg 元素在晶界处的富集也将会提高应力腐蚀倾向。K. A. Yasakau 和 S. J. Kim 等人研究了多种金属间化合物对铝合金腐蚀速率的影响，结果表明由于 β-Al_3Mg_2 相和 Mg_2Si 相的自腐蚀电位低于 α-Al 基体，在电化学反应中作为阳极易发生溶解，而富 Fe 相的自腐蚀电位往往高于基体金属，故通常作为阴极起到一定的保护作用，但 Fe 易与合金中的 Al 形成脆性的金属间化合物降低合金的韧

性。J. Xiong 认为稀土元素 Ce 对 Al-Mg-Si-Mn 系合金应力腐蚀开裂影响较大，含 Ce 的合金中晶界 β 相的连续链状分布被打断，提高了合金抗应力腐蚀开裂的能力。在铸造铝合金中加入 Cu 元素可提高合金的时效强化效果，进而提高力学性能，但是 Cu 元素的自腐蚀电位比 Al 元素高，易导致金属发生晶间腐蚀或者应力腐蚀，降低了合金的耐腐蚀性，此外 Cu 元素的添加还会恶化合金的流动性以及抗热裂性能。

4.3 典型耐蚀铸造铝合金铸态组织及性能

本节以传统的 ZL303 合金为对象，在其中加入不同质量的 Ti，对合金的铸态组织和耐蚀性能进行表征测试，研究晶粒细化对合金组织和耐蚀性能的影响规律。制备出的合金成分见表 4-2。

表 4-2 Al-Mg-Si-Mn 系合金化学成分（质量分数） （%）

合金	Mn	Mg	Si	Ti/mg·kg^{-1}	Al
Al-5.3Mg-1	0.17	5.28	0.77	0	余量
Al-5.3Mg-2	0.17	5.32	0.81	$1.05×10^3$	余量
Al-3.1Mg-1	0.20	3.15	0.67	616	余量
Al-3.1Mg-2	0.19	3.13	0.82	$2.47×10^3$	余量

图 4-5 所示为 Al-Mg-Si-Mn 系合金的金相组织照片。从图中可以看出，Al-Mg-Si-Mn 系合金中存在白色的 α-Al 和黑灰色的金属间化合物。图 4-5（a）和（b）中金属间化合物的数量差距不大，但图 4-5（b）中的析出相较为细化。

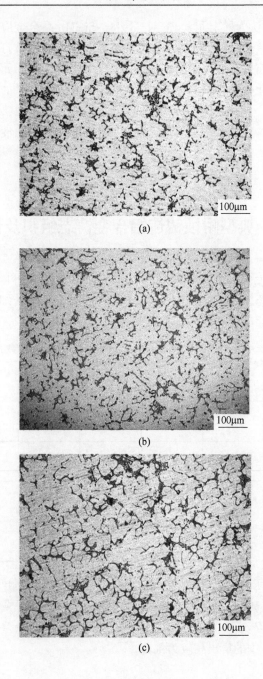

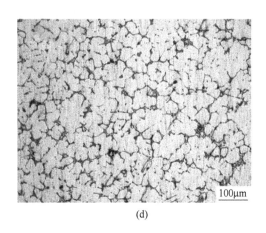

(d)

图4-5 Al-Mg-Si-Mn系合金的金相组织照片

（a）Al-5.3Mg-1；（b）Al-5.3Mg-2；（c）Al-3.1Mg-1；（d）Al-3.1Mg-2

对 Al-Mg-Si-Mn 系合金中存在的金属间化合物进行 SEM 观察，其结果如图4-6所示，相应的 EDS 成分分析结果见表4-3。结果表明，合金中存在的主要物相是 Mg_2Al_3 和 Mg_2Si 相。

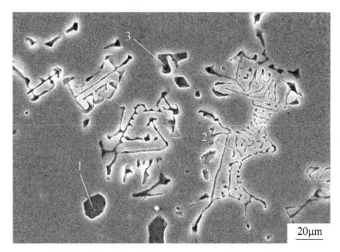

图4-6 Al-Mg-Si-Mn系合金 SEM 照片

表 4-3　图 4-6 中对应物相的 EDS 元素分析（摩尔分数）（%）

位置	Al	Mg	Si	Ti	Mn
1	72.19	27.35	0.30	0.15	0.00
2	93.22	4.08	2.69	0.01	0.00
3	41.37	7.90	50.73	0.00	0.00

采用 3.5% 的 NaCl 盐溶液浸泡实验测试 Al-Mg-Si-Mn 系合金的耐蚀性。试样在腐蚀 12 天后（见图 4-7），镁含量较高的 Al-5.3Mg-1

(a)

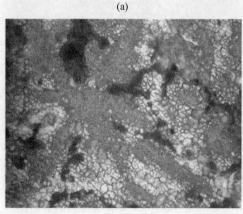

(b)

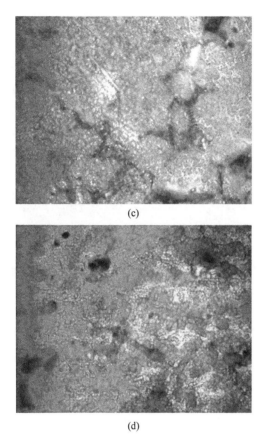

(c)

(d)

图 4-7 Al-Mg-Si-Mn 系合金腐蚀 12 天后的表面形貌

(a) Al-5.3Mg-1；(b) Al-5.3Mg-2；(c) Al-3.1Mg-1；(d) Al-3.1Mg-2

和 Al-5.3Mg-2 合金开始在样品表面析出大量白色絮状物，并且开始产生点蚀坑，但是点蚀坑的面积和深度都不大。镁含量较低的 Al-3.1Mg-1 和 Al-3.1Mg-2 合金表面仅覆盖了一层灰白色物，但没有出现白色絮状物。

Al-Mg 系合金在 3.5%NaCl 溶液中放置时，Mg_2Si 相中的 Mg 会先被腐蚀，在腐蚀初期，相的形貌并不会出现显著的变化。随着 Mg

元素的含量受腐蚀而减少，Si 元素开始富集，然后与基体发生转换形成阴极，最后相周围开始腐蚀，形成点蚀。Mg 元素含量高的合金比 Mg 元素含量低的合金腐蚀程度大。

Al-Mg-Si-Mn 系合金腐蚀 18 天后的表面形貌如图 4-8 所示。从图中可以看出，Al-5.3Mg-2 合金的表面出现大量的点蚀坑，耐蚀性能最差。

测试 4 种成分不同的 Al-Mg-Si-Mn 系合金的极化曲线，结果如图 4-9 所示。从图中可以看出，Al-5.3Mg-1 合金的自腐蚀电位是

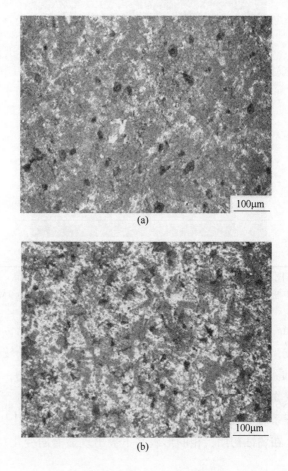

(a)

(b)

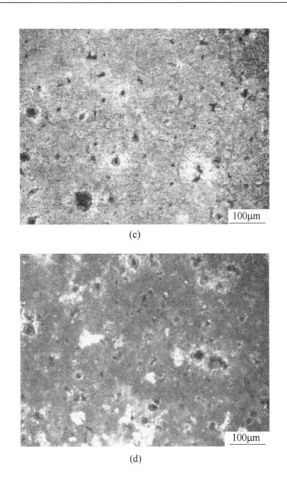

(c)

(d)

图 4-8　Al-Mg-Si-Mn 系合金腐蚀 18 天后的表面形貌

(a) Al-5.3Mg-1；(b) Al-5.3Mg-2；(c) Al-3.1Mg-1；(d) Al-3.1Mg-2

-990mV，Al-5.3Mg-2 合金的自腐蚀电位是-590mV，Al-3.1Mg-1
合金的自腐蚀电位是-1080mV，Al-3.1Mg-2 合金的自腐蚀电位是
-620mV。分析各组合金样品的自腐蚀电位，腐蚀倾向由大到小依
次是：Al-5.3Mg-2 合金、Al-5.3Mg-1 合金、Al-3.1Mg-2 合金、
Al-3.1Mg-1 合金。而且 Al-3.1Mg-2 合金没有钝化区间，会直接
发生点蚀。

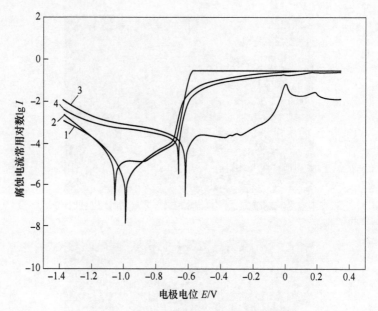

图 4-9　Al-Mg-Si-Mn 系合金的极化曲线

1—Al-5.3Mg-1 合金；2—Al-5.3Mg-2 合金；

3—Al-3.1Mg-1 合金；4—Al-3.1Mg-2 合金

参 考 文 献

[1] 田荣璋. 铸造铝合金 [M]. 长沙：中南大学出版社, 2006.

[2] 林肇琦. 有色金属材料学 [M]. 沈阳：东北工学院出版社, 1986.

[3] 王祝堂, 田荣璋. 铝合金及其加工手册 [M]. 长沙：中南大学出版社, 2005.

[4] 张少华. 铝合金在汽车上应用的进展 [J]. 汽车工业研究, 2003 (3)：36~39.

[5] 朱平. 铝合金材料在轿车车身轻量化中的应用研究 [J]. 计算机仿真, 2004, 21 (8)：187~190.

[6] Shaji M C, Ravikumar K K, Ravi M, et al. Development of a High Strength Cast Aluminium Alloy for Possible Automotive Applications [J]. Materials Science Forum, 2013 (765)：54~58.

[7] Hirsch J, Al-Samman T. Superior Light Metals by Texture Engineering：Optimized Aluminum and Magnesium Alloys for Automotive Applications [J]. Acta Materialia, 2013 (61)：818~843.

[8] Hirsch J. Aluminium in Innovative Light-Weight Car Design [J]. Materials Transactions, 2011 (52)：818~824.

[9] Nguyen H. Manufacturing Processes and Engineering Materials Used in Automotive Engine Blocks [R]. School of Engineering, Grand Valley State University, 2005.

[10] Miller W S, Zhuang L, Botterma J, et al. Recent Development in Aluminium Alloys for the Automotive Industry [J]. Materials Science and Engineering：A, 2000 (280)：37~49.

[11] Nayak S, Karthik A. Systhesis of Al-Si Alloys and Study of Their Mechanical Properties [D]. Rourkela、National Institute of Technology, Rourkela, 2011.

[12] 贾祥磊, 朱秀荣, 陈大辉, 等. 耐热铝合金研究进展 [J]. 兵器材料科学与工程, 2010, 33, 108~112.

[13] Manasijevic S, Radisa R, Markovic S, et al. Thermal Analysis and Microscopic Characterization of the Piston Alloy AlSi13Cu4Ni2Mg [J]. Intermetallics, 2011 (19)：486~492.

[14] 田福泉, 李念奎, 崔建忠. 超高强铝合金强韧化的发展过程及方向 [J]. 轻合金加工技术, 2005, 33 (12)：1~8.

[15] 唐仁政, 田荣璋. 二元合金相图及中间相晶体结构 [M]. 长沙：中南大学

出版社, 2009.

[16] Vijeesh V, Narayan Prabhu K. Review of Microstructure Evolution in Hypereutectic Al–Si Alloys and its Effect on Wear Properties [J]. Transactions of the Indian Institute of Metals, 2013 (67): 1~18.

[17] Chen J H, Costan E, Van Huis M A, et al. Atomic Pillar-Based Nanoprecipitates Strengthen AlMgSi Alloys [J]. Science, 2006 (312): 416~419.

[18] Abdulwahab M, Madugu I A, Yaro S A, et al. Effects of Multiple-Step Thermal Ageing Treatment on the Hardness Characteristics of A356. 0-type Al–Si–Mg Alloy [J]. Materials & Design, 2011 (32): 1159~1166.

[19] Haghdadi N, Zarei-Hanzaki A, Abedi H R, et al. The Effect of Thermomechanical Parameters on the Eutectic Silicon Characteristics in a Non-modified Cast A356 Aluminum Alloy [J]. Materials Science and Engineering: A, 2012 (549): 93~99.

[20] Esgandari B A, Nami B, Shahmiri M, et al. Effect of Mg and Semi Solid Processing on Microstructure and Impression Creep Properties of A356 Alloy [J]. Transactions of Nonferrous Metals Society of China, 2013 (23): 2518~2523.

[21] Samuel A M, Gauthier J, Samuel F H. Microstructural Aspects of the Dissolution and Melting of Al2Cu Phase in Al–Si Alloys during Solution Heat Treatment [J]. Metallurgical and Materials Transactions A, 1996 (27A): 1785~1798.

[22] Czerwinski F. Heat Treatment – Conventional and Novel Applications [M]. Intech, 2012.

[23] Han Y M, Samuel A M, Samuel F H, et al. Effect of Solution Heat Treatment Type on the Dissolution of Copper Phases in Al–Si–Cu–Mg Type Alloys [J]. Transactions of the American Foundry Society, 2008 (116): 79~89.

[24] Wang E R, Hui X D, Chen G L. Eutectic Al–Si–Cu–Fe–Mn Alloys With Enhanced Mechanical Properties at Room and Elevated Temperature [J]. Materials & Design, 2011 (32): 4333~4340.

[25] Toda H, Nishimura T, Uesugi K, et al. Influence of High-Temperature Solution Treatments on Mechanical Properties of an Al–Si–Cu Aluminum Alloy [J]. Acta Materialia, 2010 (58): 2014~2025.

[26] Li Y, Yang Y, Wu Y, et al. Quantitative Comparison of Three Ni-containing Phases to the Elevated-Temperature Properties of Al–Si Piston Alloys [J]. Materials Science and Engineering: A, 2010 (527): 7132~7137.

[27] Yang Y, Li Y, Wu W, et al. Effect of Existing form of Alloying Elements on

the Microhardness of Al-Si-Cu-Ni-Mg Piston Alloy [J]. Materials Science and Engineering: A, 2011 (528): 5723~5728.

[28] Yang Y, Yu K, Li Y, et al. Evolution of Nickel-Rich Phases in Al-Si-Cu-Ni-Mg Piston Alloys with Different Cu Additions [J]. Materials & Design, 2012 (33): 220~225.

[29] Jeong C Y. Effect of Alloying Elements on High Temperature Mechanical Properties for Piston Alloy [J]. Materials Transactions, 2012 (53): 234~239.

[30] Jeong C Y. High Temperature Mechanical Properties of Al-Si-Mg-(Cu) Alloys for Automotive Cylinder Heads [J]. Materials Transactions, 2013, 54 (4): 588~594.

[31] 侯林冲, 党惊知, 高明灯, 等. AlSi12Cu3Ni2Mg1 活塞合金挤压铸造性能研究 [J]. 2007 年中国压铸、挤压铸造、半固态加工学术年会专刊: 298~299.

[32] Javidani M, Larouche D. Application of Cast Al-Si Alloys in Internal Combustion Engine Components [J]. International Materials Reviews, 2014 (59): 132~158.

[33] Ochuku T M. Analysis of Microstructures of Cast Al-Si Alloys and their Correlation to Mechanical Properties [D]. University of Nairobi, 2013.

[34] 侯林冲, 彭银江, 周灵展, 等. 高功率密度柴油机铝活塞材料与铸造技术 [J]. 车用发动机, 2013 (204): 89~92.

[35] John Gibert Kaufman. Aluminum Alloy Castings Properties, Processes and Applications [M]. ASM International, 2004.

[36] John Gibert Kaufman. Aluminum and Aluminum Alloys [M]. ASM International, 1993.

[37] John Gibert Kaufman. Properties of Aluminum Alloys: Tensile, Creep and Fatigue Data at High and Low Temperatures [M]. ASM International, 1999.

[38] Imwinkelried, Thomas. Casting system for thixoforms [P]. US: 6382302, 1999.

[39] 张庭恒. 马勒 (MAHLE) 活塞铝合金 [J]. 车用发动机, 1988 (04): 57~60.

[40] Tiryakioğlu M, Campbell J, Alexopoulos N D. On the Ductility Potential of Cast Al-Cu-Mg (206) Alloys [J]. Materials Science and Engineering: A, 2009 (506): 23~26.

[41] 隋育栋, 王渠东. 铸造耐热铝合金在发动机上的应用研究与发展 [J]. 材

料导报 A：综述篇，2015，29：14~19.

[42] Mostafa M M, El-Sayed M M, El-Sayed H A, et al. Steady State Creep during Transformation in Al-1wt. %Cu Alloy [J]. Materials Science and Engineering：A, 518 (2009), 97~99.

[43] 张中可，车云，门三泉，等. Al-Cu-Mn 高强铝合金的时效析出相 [J]. 特种铸造及有色合金，2014，34：1114~1116.

[44] 黄朝文，梁益龙，杨明，等. 211Z.X 耐热高强韧铝合金的疲劳特性 [J]. 金属热处理，2013，38：43~47.

[45] 张德恩，卢锦德，张晓燕. 时效工艺对新型高强度铸造铝合金组织和力学性能的影响 [J]. 现代机械，2009（3）：85~86.

[46] Ryset J, Ryum N. Scandium in Aluminium Alloys [J]. International Materials Reviews, 2005 (50), 19~44.

[47] Bo H, Liu L B, Jin Z P. Thermodynamic Analysis of Al-Sc, Cu-Sc and Al-Cu-Sc System [J]. Journal of Alloys and Compounds, 2010 (490)：318~325.

[48] Berghof-Hasselbächer E, Masset P J, Zhang L, et al. Microstructures of Erbium Modified Aluminum-Copper Alloys [J]. Practical Metallography, 2012 (49)：396~411.

[49] Zhang L, Masset P J, Cao F, et al. Phase Relationships in the Al-rich Region of the Al-Cu-Er System [J]. Journal of Alloys and Compounds, 2011 (509)：3822~3831.

[50] Chen X, Liu Z, Bai S, et al. Alloying Behavior of Erbium in an Al-Cu-Mg Alloy [J]. Journal of Alloys and Compounds, 2010 (505)：201~205.

[51] Yao D, Zhao W, Zhao H, et al. High Creep Resistance Behavior of the Casting Al-Cu Alloy Modified by La [J]. Scripta Materialia, 2009 (61)：1153~1155.

[52] Yao D, Xia Y, Qiu F, et al. Effects of La Addition on the Elevated Temperature Properties of the Casting Al-Cu Alloy [J]. Materials Science and Engineering：A, 2011 (528)：1463~1466.

[53] Zhao W G, Wang J G, Zhao H L, et al. High Creep Resistance Behavior of the Cast Al-Cu Alloy Modified by Nano-Scale Pr_xO_y [J]. Materials Science and Engineering：A, 2009 (515)：10~13.

[54] Bai Z, Qiu F, Wu X, et al. Age Hardening and Creep Resistance of Cast Al-Cu Alloy Modified by Praseodymium [J]. Materials Characterization, 2013

(86): 185~189.

[55] Hutchinson C R, Fan X, Pennycook S J, et al. On the Origin of the High Coarsening Resistance of Ω Plates in Al-Cu-Mg-Ag Alloys [J]. Acta Materialia, 2001 (49): 2827~2841.

[56] Min S, Kanghua C, Lanping H. Effects of Ce and Ti on the Microstructures and Mechanical Properties of an Al-Cu-Mg-Ag Alloy [J]. Rare Metals, 2007 (26): 28~32.

[57] Song M, Xiao D, Zhang F. Effect of Ce on the Thermal Stability of the Ω Phase in an Al-Cu-Mg-Ag Alloy [J]. Rare Metals, 2009 (28): 156~159.

[58] Abis S, Mengucci P, Riontino G. Influence of Si Additions on the Ageing Process of an Al-Cu-Mg-Ag Alloy [J]. Philosophical Magazine A, 2006 (70): 851~868.

[59] Li K D, Chang E. Explanation of the Porosity Distribution in A 206 Aluminum Alloy Castings [J]. Transactions of the American Foundry Society, 2003 (111): 267~273.

[60] 贾泮江, 陈邦峰. ZL205A 高强铸造铝合金的性能及应用 [J]. 轻合金加工技术, 2009, 37: 10~12.

[61] 张春波, 王祝堂. 航空航天器铸造铝合金 (3) [J]. 轻合金加工技术, 2013, 41: 1~14.

[62] 熊艳才, 刘伯操. 铸造铝合金现状及未来发展 [J]. 特种铸造及有色合金, 1998, (4): 1~5.

[63] 孙茂天. A201 铝合金成分及其性能的研究 [D]. 沈阳: 沈阳铸造研究所, 2011.

[64] 林波. 挤压铸造 Al-5.0Cu 合金中富铁相形成特点及力学性能研究 [D]. 广州: 华南理工大学, 2014.

[65] Kaiser M S, Basher M R, Kurny A S W. Effect of Scandium on Microstructure and Mechanical Properties of Cast Al-Si-Mg Alloy [J]. Journal of Materials Engineering and Performance, 2011 (21): 1504~1508.

[66] Lathabai S, Lloyd P G. The Effect of Scandium on the Microstructure, Mechanical Properties and Weldability of a Cast Al-Mg Alloy [J]. Acta Materialia, 2002 (50): 4275~4292.

[67] Filatov Y, Yelagin V, Zakharov V. New Al-Mg-Sc Alloys [J]. Materials Science and Engineering A, 2000 (A280): 97~101.

[68] Vo N Q, Dunand D C, Seidman D N. Improving Aging and Creep Resistance in

a Dilute Al-Sc Alloy by Microalloying with Si, Zr and Er [J]. Acta Materialia, 2014 (63): 73~85.

[69] Yin Z, Pan Q, Zhang Y, et al. Effect of Minor Sc and Zr on the Microstructure and Mechanical Properties of Al-Mg Based Alloys [J]. Materials Science and Engineering A, 2000 (A280): 151~155.

[70] 牟俊东, 魏作山, 冯增建, 等. 高性能活塞用氧化铝短纤维增强铝基复合材料 [J]. 特种铸造及有色合金, 2011, 31: 650~652.

[71] 杨忠, 李建平, 郭永春, 等. SiCp增强高强耐热铝基复合材料的高温摩擦磨损行为 [J]. 铸造, 2006, (55): 1043~1046.

[72] Requena G, Degischer H P. Creep Behaviour of Unreinforced and Short Fibre Reinforced AlSi12CuMgNi Piston Alloy [J]. Materials Science and Engineering: A, 2006 (420): 265~275.

[73] Requena G, Degischer P, Marks E D, et al. Microtomographic Study of the Evolution of Microstructure during Creep of an AlSi12CuMgNi Alloy Reinforced with Al_2O_3 Short Fibres [J]. Materials Science and Engineering: A, 2008 (487): 99~107.

[74] Wang R, Lu W, Hogan L. Growth Morphology of Primary Silicon in Cast AlSi Alloys and the Mechanism of Concentric Growth [J]. Journal of Crystal Growth, 1999 (207): 43~54.

[75] Jiang Q C, Xu C L, Lu M, et al. Effect of New Al-P-Ti-TiC-Y Modifier on Primary Silicon in Hypereutectic Al-Si Alloys [J]. Materials Letters, 2005 (59): 624~628.

[76] McDonald S D, Nogita K, Dahle A K. Eutectic Nucleation in Al-Si Alloys [J]. Acta Materialia, 2004 (52): 4273~4280.

[77] Hegde S, Prabhu K N. Modification of Eutectic Silicon in Al-Si Alloys [J]. Journal of Materials Science, 2008 (43): 3009~3027.

[78] Xu C L, Wang H Y, Yang Y F, et al. Effect of Al-P-Ti-TiC-Nd_2O_3 Modifier on the Microstructure and Mechanical Properties of Hypereutectic Al-20wt.%Si Alloy [J]. Materials Science and Engineering: A, 2007 (452~453): 341~346.

[79] Liu X, Wu Y, Bian X. The Nucleation Sites of Primary Si in Al-Si Alloys after Addition of Boron and Phosphorus [J]. Journal of Alloys and Compounds, 2005 (391): 90~94.

[80] 欧阳志英, 毛协民, 唐多光, 等. 稀土对过共晶 Al-Si 合金 P 变质效果的

影响 [J]. 特种铸造及有色合金, 2003 (1): 22~23.

[81] Sui Y, Wang Q, Wang G, et al. Effects of Sr Content on the Microstructure and Mechanical Properties of Cast Al-12Si-4Cu-2Ni-0. 8Mg Alloys [J]. Journal of Alloys and Compounds, 2015 (622): 572~579.

[82] Lu L, Nogita K, Dahle A K. Combining Sr and Na Additions in Hypoeutectic Al-Si Foundry Alloys [J]. Materials Science and Engineering: A, 2005 (399): 244~253.

[83] Prasada Rao A K, Das K, Murty B S, Chakraborty M. Microstructural Features of as-cast A356 Alloy Inoculated with Sr, Sb Modifiers and Al-Ti-C Grain Refiner Simultaneously [J]. Materials Letters, 2008 (62): 273~275.

[84] Lu S Z, Hellawell A. The Mechanism of Silicon Modification in Aluminum-Silicon Alloys: Impurity Induced Twinning [J]. Metallurgical and Materials Transactions A, 1987, 18 (10): 1721~1733.

[85] Shin S S, Kim E S, Yeom G Y, et al. Modification Effect of Sr on the Microstructures and Mechanical Properties of Al-10. 5Si-2. 0Cu Recycled Alloy for Die Casting [J]. Materials Science and Engineering: A, 2012 (532): 151~157.

[86] Tebib M, Samuel A M, Ajersch F, et al. Effect of P and Sr Additions on the Microstruture of Hypereutectic Al-15Si-14Mg-4Cu Alloy [J]. Materials Characterization, 2014 (89): 112~123.

[87] Dwivedi D K. Wear Behaviour of Cast Hypereutectic Aluminium Silicon Alloys [J]. Materials & Design, 2006 (27): 610~616.

[88] Asghar Z, Requena G, Kubel F. The Role of Ni and Fe Aluminides on the Elevated Temperature Strength of an AlSi12 Alloy [J]. Materials Science and Engineering: A, 2010 (527): 5691~5698.

[89] Lasagni F, Lasagni A, Marks E, et al. Three-Dimensional Characterization of 'as-cast' and Solution-Treated AlSi12 (Sr) Alloys by High-resolution FIB tomography [J]. Acta Materialia, 2007 (55): 3875~3882.

[90] Nowak M, Hari B N. Novel Grain Refiner for Hypo- and Hyper-Eutectic Al-Si Alloys [J]. Materials Science Forum, 2011, 690: 49~52.

[91] Liu Y, Ding C, Li Y X. Grain Refining Mechanism of Al-3B Master Alloy on Hypoeutectic Al-Si Alloys [J]. Transactions of Nonferrous Metals Society of China, 2011, 21 (7): 1435~1440.

[92] Zhang L Y, Jiang Y H, Ma Z, et al. Effect of Cooling Rate on Solidified Mi-

crostructure and Mechanical Properties of Aluminium-A356 Alloy ［J］. Journal of Materials Processing Technology, 2008 （207）: 107~111.

［93］胥建平, 刘俊友, 王华. 机械搅拌对高硅铝合金初生 Si 形态的影响 ［J］. 热加工工艺, 2009, 38 （9）: 33~35.

［94］Lu D, Jiang Y, Guang G. Refinement of Primary Si in Hypereutectic Al-Si Alloy by Electromagnetic Stirring ［J］. Journal of Materials Processing Technology, 2007 （189）: 13~18.

［95］Feng H K, Yu S R, Li Y L. Effect of Ultrasonic Treatment on Microstructures of Hypereutectic Al-Si Alloy ［J］. Journal of Materials Processing Technology, 2008 （208）: 330~335.

［96］陈建春. 铝合金变质、细化、合金化材料及铝熔体物理净化材料的设计、工艺及应用研究 ［D］. 武汉: 武汉大学, 2011.

［97］Naglič I, Smolej A, Doberšek M, et al. The Influence of TiB_2 Particles on the Effectiveness of Al-3Ti-0.15C Grain Refiner ［J］. Materials Characterization, 2008 （59）: 1458~1465.

［98］Liao H C, Sun G X. Mutual Poisoning Effect Between Sr and B in Al-Si Casting Alloy ［J］. Scripta Materialia, 2003 （48）: 1035~1039.

［99］Faraji M, Katgerman L. Distribution of Trace Elements in a Modified and Grain Refined Aluminium-Silicon Hypoeutectic Alloy ［J］. Micron, 2010 （41）: 554~559.

［100］王克勤. 铝冶炼工艺 ［M］. 北京: 化学工业出版社, 2010.

［101］潘复生, 张丁非. 铝合金及应用 ［M］. 北京: 化学工业出版社, 2006.

［102］罗启全. 铝合金熔炼与铸造 ［M］. 广州: 广东科技出版社, 2002.

［103］王祝堂, 熊慧. 轨道车辆用铝材手册 ［M］. 长沙: 中南大学出版社, 2013.

［104］刘静安, 谢水生. 铝合金材料的应用与技术开发 ［M］. 北京: 冶金工业出版社, 2004.

［105］唐剑, 王德满, 刘静安, 等. 铝合金熔炼与铸造技术 ［M］. 北京: 冶金工业出版社, 2009.

［106］肖亚庆. 铝加工技术实用手册 ［M］. 北京: 冶金工业出版社, 2005.

［107］李建湘, 刘静安, 杨志兵. 铝合金特种管、型材生产技术 ［M］. 北京: 冶金工业出版社, 2008.

［108］王颖. 全球铝土矿资源态势及勘查投资选区 ［D］. 北京: 中国地质大学（北京）, 2019.

［109］王贤伟. 中国铝土矿资源产品需求预测及对策研究 ［D］. 北京: 中国地

质大学（北京），2018.

[110] 贺俊光，文九巴，孙乐民，等. 用循环极化曲线研究 Al 和铝合金的点蚀行为 [J]. 腐蚀科学与防护技术，2015，27（5）：449~453.

[111] 贾科. 高强高韧耐蚀 7050 铝合金的时效与腐蚀行为研究 [D]. 长沙：中南大学，2013.

[112] 暨波，张新明，张卓夫，等. Yb 对 2519A 铝合金抗剥落腐蚀性能的影响 [J]. 中国腐蚀与防护学报，2015，35（3）：279~286.